수학 좀 한다면

디딤돌 초등수학 기본 1-1

펴낸날 [개정판 1쇄] 2024년 8월 10일 | **펴낸이** 이기열 | **펴낸곳** (주)디딤돌 교육 | **주소** (03972) 서울특별시 마포구 월드컵북로 122 청원선와이즈타워 | **대표전화** 02-3142-9000 | **구입문의**
02-322-8451 | **내용문의** 02-323-9166 | **팩시밀리** 02-338-3231 | **홈페이지** www.didimdol.co.kr | **등록번호** 제10-718호 | 구입한 후에는 철회되지 않으며 잘못 인쇄된 책은 바꾸어
드립니다. 이 책에 실린 모든 삽화 및 편집 형태에 대한 저작권은 (주)디딤돌 교육에 있으므로 무단으로 복사 복제할 수 없습니다. Copyright © Didimdol Co. [2502010]

내 실력에 딱!
최상위로 가는 '맞춤 학습 플랜'

STEP 1 On-line
나에게 맞는 공부법은?
맞춤 학습 가이드를 만나요.

교재 선택부터 공부법까지! 디딤돌에서 제공하는 시기별 맞춤 학습 가이드를 통해 아이에게 맞는 학습 계획을 세워 주세요. (학습 가이드는 디딤돌 학부모카페 '맘이가'를 통해 상시 공지합니다. cafe.naver.com/didimdolmom)

STEP 2 Book
맞춤 학습 스케줄표
계획에 따라 공부해요.

교재에 첨부된 '맞춤 학습 스케줄표'에 맞춰 공부 목표를 달성합니다.

STEP 3 On-line
이럴 땐 이렇게!
'맞춤 Q&A'로 해결해요.

궁금하거나 모르는 문제가 있다면, '맘이가' 카페를 통해 질문을 남겨 주세요. 디딤돌 수학쌤 및 선배맘님들이 친절히 답변해 드립니다.

STEP 4 Book
다음에는 뭐 풀지?
다음 교재를 추천받아요.

학습 결과에 따라 후속 학습에 사용할 교재를 제시해 드립니다. (교재 마지막 페이지 수록)

 ★ 디딤돌 플래너 만나러 가기

디딤돌 초등수학 기본 1-1

8 주 완성
학습 스케줄표

짧은 기간에 집중력 있게 한 학기 과정을 완성할 수 있도록 설계하였습니다.
방학 때 미리 공부하고 싶다면 주 5일 8주 완성 과정을 이용해요.

공부한 날짜를 쓰고 하루 분량 학습을 마친 후, 부모님께 확인 check ☑를 받으세요.

1주 **1** 9까지의 수

월 일	월 일	월 일	월 일	월 일	**2주** 월 일	월 일
8~11쪽	12~15쪽	16~19쪽	20~23쪽	24~25쪽	26~27쪽	28~30쪽

3주   **3** 덧셈과 뺄셈

월 일	월 일	월 일	월 일	월 일	**4주** 월 일	월 일
45~47쪽	48~50쪽	51~53쪽	56~58쪽	59~61쪽	62~65쪽	66~68쪽

5주   **4** 비교

월 일	월 일	월 일	월 일	**6주** 월 일	월 일	월 일
78~81쪽	82~84쪽	85~87쪽	88~91쪽	92~94쪽	95~97쪽	100~103쪽

7주   **5** 50까지의 수

월 일	월 일	월 일	월 일	월 일	**8주** 월 일	월 일
116~118쪽	119~121쪽	124~127쪽	128~130쪽	131~133쪽	134~137쪽	138~141쪽

MEMO

효과적인 수학 공부 비법

시켜서 억지로   내가 스스로

억지로 하는 일과 즐겁게 하는 일은 결과가 달라요.
목표를 가지고 스스로 즐기면 능률이 배가 돼요.

가끔 한꺼번에   매일매일 꾸준히

급하게 쌓은 실력은 무너지기 쉬워요.
조금씩이라도 매일매일 단단하게 실력을 쌓아가요.

정답을 몰래   개념을 꼼꼼히

모든 문제는 개념을 바탕으로 출제돼요.
쉽게 풀리지 않을 땐, 개념을 펼쳐 봐요.

채점하면 끝   틀린 문제는 다시

왜 틀렸는지 알아야 다시 틀리지 않겠죠?
틀린 문제와 어림짐작으로 맞힌 문제는
꼭 다시 풀어 봐요.

수학 좀 한다면

디딤돌

초등수학
기본

상위권으로 가는 기본기

$\dfrac{1}{1}$

개념 학습으로 잡는 **올바른 공부 습관!**

HELP!
공부했는데도
중요한 개념을 몰라요.

1 이 단원에서 꼭 알아야 할 핵심 개념!

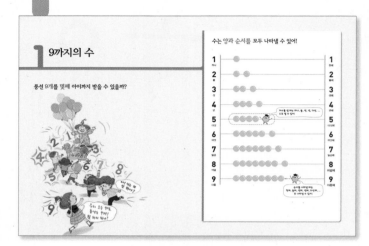

이 단원의 핵심 개념이 한 장의 사진
처럼 뇌에 남습니다.

HELP!
개념을 생각하지 않고
외워서 풀어요.

2 한눈에 보이는 개념 정리!

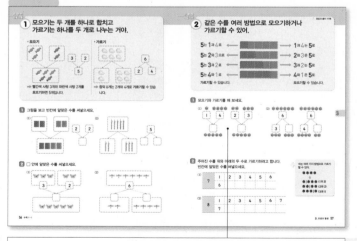

글만 줄줄 적혀 있는 개념은 이제
그만! 외우지 않아도 개념이 한눈에
이해됩니다.

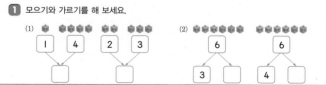

개념을 외우지 않아도 배운 개념들이
떠올라요.

3 개념으로 문제 해결!

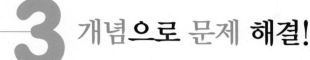

치밀하게 짜인 연계 학습 문제들을
풀다 보면 이미 배운 내용과 앞으로
배울 내용이 쉽게 이해돼요.

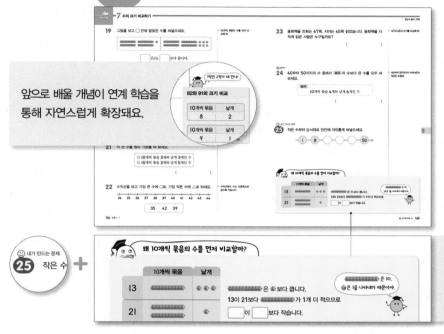

앞으로 배울 개념이 연계 학습을
통해 자연스럽게 확장돼요.

개념 이해가 완벽한지 확인하는 방법!
문제로 확인해 보기!

4 발전 문제로 개념 완성!

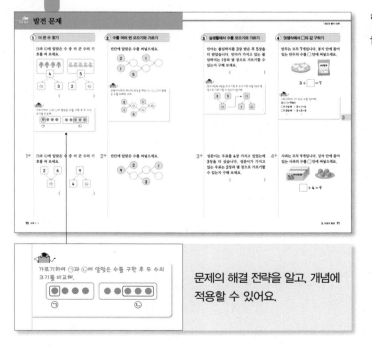

핵심 개념을 알면 어려운 문제는 없
습니다.

문제의 해결 전략을 알고, 개념에
적용할 수 있어요.

이 책의 **차례**

1 9까지의 수

풍선 9개를 몇째 아이까지 받을 수 있을까?

수는 양과 순서를 모두 나타낼 수 있어!

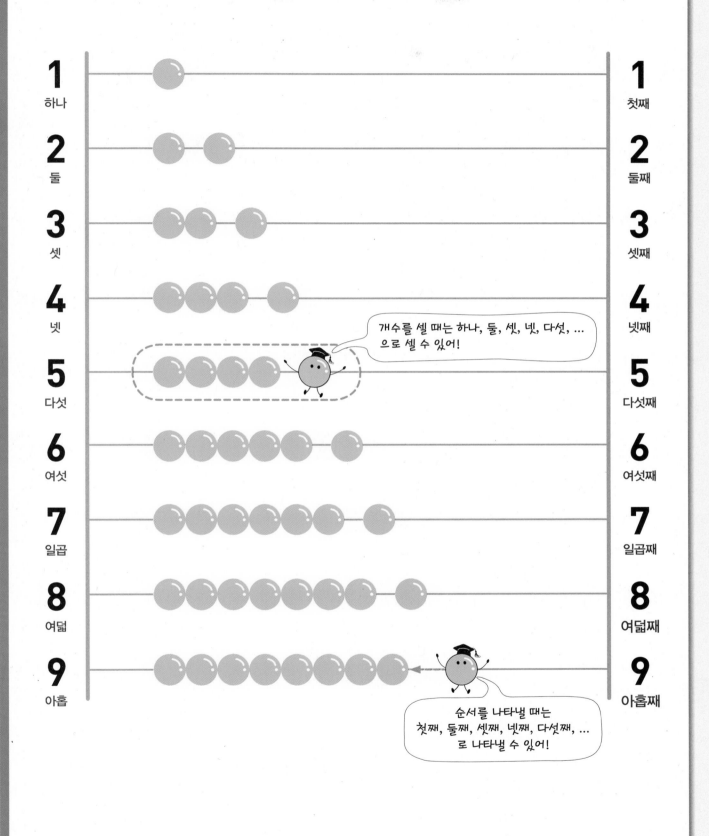

① 1부터 5까지의 수를 알아봐.

		쓰기	읽기	
🍉	●	①↓1	하나	일
🍍🍍	●●	①2	둘	이
🍎🍎🍎	●●●	①3	셋	삼
🍊🍊🍊🍊	●●●●	①4②	넷	사
🌰🌰🌰🌰🌰	●●●●●	①↓②5	다섯	오

1 보기 와 같이 그림의 수만큼 ○를 그리고, 수를 써넣으세요.

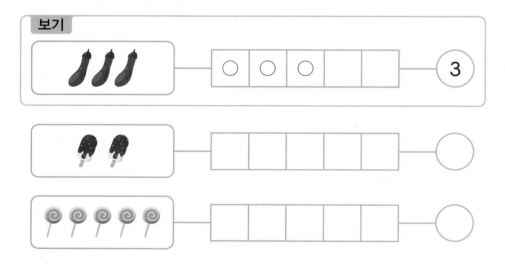

2 수를 세어 알맞은 수에 ○표 하세요.

(1)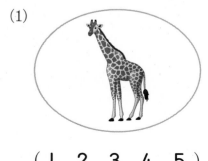

(2)

두 번 세거나 빠뜨리지 않게
하나씩 표시하면서 세어야 해.

(1, 2, 3, 4, 5)　　　　　(1, 2, 3, 4, 5)

② 6부터 9까지의 수를 알아봐.

		쓰기	읽기	
🍞🍞🍞🍞🍞🍞	●●●●● ●	①6	여섯	육
🧁🧁🧁🧁🧁🧁🧁	●●●●● ●●	①↓7②	일곱	칠
🌭🌭🌭🌭🌭🌭🌭🌭	●●●●● ●●●	8①	여덟	팔
🍦🍦🍦🍦🍦🍦🍦🍦🍦	●●●●● ●●●●	9①	아홉	구

> 같은 수도 상황에 따라 읽는 방법이 달라.
> 사과 7개 ➡ '일곱 개' 아파트 7층 ➡ '칠 층'

1

1 수를 세어 ☐ 안에 써넣으세요.

(1) 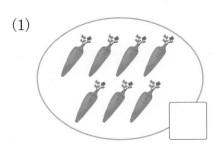 ☐

(2) 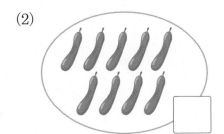 ☐

2 세어 보고 알맞은 말에 ◯표 하세요.

(1)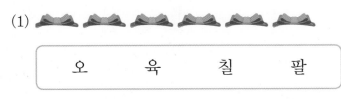

> 수는 두 가지 방법으로
> 읽을 수 있어!

오	육	칠	팔

(2)

여섯	일곱	여덟	아홉

③ 몇째는 순서를 나타내는 말이야.

• 수로 순서를 나타내기

1 순서에 맞게 ☐ 안에 알맞은 수나 말을 써넣으세요.

2 급식을 받기 위해 친구들이 한 줄로 서 있습니다. ☐ 안에 알맞은 말을 써넣으세요.

기준에 따라 순서가 다를 수 있어.

(1) 지후는 왼쪽에서 ☐ 째에 서 있습니다.

(2) 지후는 오른쪽에서 ☐ 째에 서 있습니다.

4 | 다음에는 2, 2 다음에는 3, 3 다음에는 4야.

• **1부터 9까지 수의 순서 알아보기**

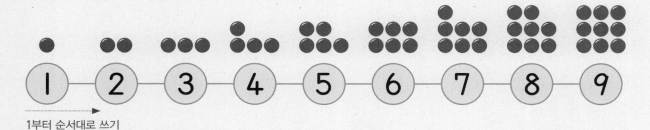

1부터 순서대로 쓰기

• **수의 순서를 거꾸로 하기**

9부터 순서를 거꾸로 하여 쓰기

---

1 순서에 알맞게 ☐ 안에 수를 써넣으세요.

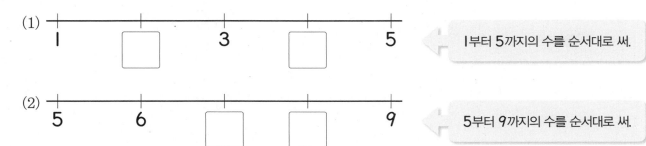

(1) 1부터 5까지의 수를 순서대로 써.

(2) 5부터 9까지의 수를 순서대로 써.

2 수를 순서대로 이어 보세요.

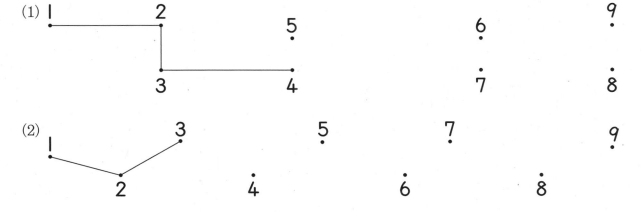

1 수를 세어 □ 안에 써넣고 두 가지 방법으로 읽어 보세요.

(1)

읽기 .... ,

(2)

읽기 .... ,

2 알맞은 수에 ○표 하고 이어 보세요.

▶ 수는 두 가지 방법으로 읽을 수 있어.

 1 2 3 4 5 ·   · 하나(일)

  1 2 3 4 5 ·   · 넷(사)

 1 2 3 4 5 ·   · 셋(삼)

  1 2 3 4 5 ·   · 다섯(오)

 1 2 3 4 5 ·   · 둘(이)

2⊕ 수를 바르게 읽은 것에 ○표 하세요.

| 50 | (이십 , 사십 , 오십)

몇십 알아보기

5단원에서 만나!

20 (이십)   30 (삼십)
40 (사십)   50 (오십)

3 수만큼 ♥ 붙임딱지를 붙여 보세요.

붙임딱지

(1) 2

(2) 4

4 그림일기에 쓴 수를 바르게 고쳐 써 보세요.

주차장에 자동차가 ~~4~~ 대 있었다.

(   )

😊 내가 만드는 문제

5 보기 와 같이 책상에서 학용품을 골라 수를 세어 보세요.

여러 가지 물건의 수를 세어 수로 나타낼 수 있어.

1

> **보기**
> 지우개가 **3**개 있습니다.

➡ ☐ 이/가 ☐ 개 있습니다.

🎓❓ **수를 쓰는 순서나 방향이 중요할까?**

수를 쓸 때 순서나 방향이 다르면 안 되므로 꼭 순서와 방향에 맞춰 써야 합니다.

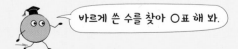

바르게 쓴 수를 찾아 ○표 해 봐.

2 ᱹ 3 Ɛ

4 ᔕ 5 2

6 알맞은 수에 ○표 하고 이어 보세요.

▶ 수를 셀 때 /로 표시하면 빠뜨리지 않고 셀 수 있어.

   6 7 8 9 ·   · 여섯(육)

   6 7 8 9 ·   · 여덟(팔)

   6 7 8 9 ·   · 일곱(칠)

   6 7 8 9 ·   · 아홉(구)

7 오리의 수와 관계있는 것에 모두 ○표 하세요.

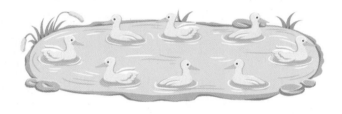

| 구 | 팔 | 6 | 여덟 | 7 |

7➕ 수를 바르게 읽은 것에 ○표 하세요.

1학년 2학기 때 만나!

60, 70, 80, 90 알아보기

60 (육십)   70 (칠십)
80 (팔십)   90 (구십)

70 ➡ 팔십   90 ➡ 구십

(   )   (   )

8

붙임딱지

은주는 바구니에 딸기 일곱 개를 넣었습니다. 은주가 바구니에 넣은 수만큼 딸기 붙임딱지를 바구니에 붙여 보세요.

▶ 일곱은 7이라 쓰고 칠이라고도 읽어.

9 주어진 수만큼 되도록 ● 붙임딱지를 붙여 보세요.

9	● ● ● ●

탄탄북

10 그림을 보고 □ 안에 알맞은 수를 써넣어 이야기를 완성해 보세요.

농장에 젖소는 □마리 있고, 양은 □마리 있습니다.

내가 만드는 문제

11 보기 와 같이 □ 안에 수를 써넣어 이야기를 만들어 보세요.

▶ 상황에 맞게 수를 넣어 이야기를 만들어 봐.

보기

| 7 | ✿✿✿✿✿✿✿ | 나는 쿠키 **7**개를 먹었습니다. |

□ ......

나는 팔 살일까? 여덟 살일까?

수는 두 가지 방법으로 읽을 수 있습니다.

두 가지 방법으로 수를 읽어 본 후 어색하지 않게 문장을 만들어 봐!

✕ 나는 팔 살입니다.   ○ 나는 여덟 살입니다. →

⑦ 내가 탄 버스의 번호는 □ 번입니다.
버스가 □ 대 있습니다.

1. 9까지의 수 **15**

12 순서에 알맞게 이어 보세요.

> 왼쪽에서부터 첫째, 둘째, 셋째, ...로 순서를 알아봐.

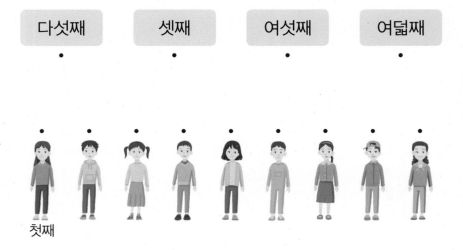

다섯째   셋째   여섯째   여덟째

첫째

13 왼쪽에서부터 세어 알맞은 것에 ○표 하세요.

일곱째

14 왼쪽에서부터 세어 알맞게 색칠해 보세요.

> 여덟은 수를 나타내고 여덟째는 순서를 나타내.

| 여덟(팔) | ○ ○ ○ ○ ○ ○ ○ ○ ○ |
| 여덟째 | ○ ○ ○ ○ ○ ○ ○ ○ ○ |

🔗 탄탄북

15 노란색 풍선은 왼쪽에서 몇째, 오른쪽에서 몇째일까요?

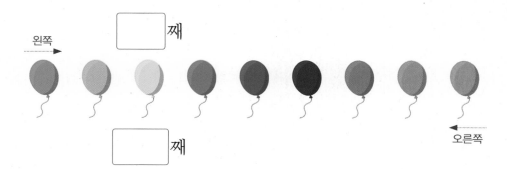

왼쪽 →

☐ 째

☐ 째

← 오른쪽

16 ☐ 안에 알맞은 수를 써넣으세요.

이 순서로 좋아해.

17 그림을 보고 알맞게 이어 보세요.

위에서부터인지 아래에서부터인지 주의하여 순서를 알아봐.

위에서 둘째 상자 •

아래에서 아홉째 상자 •

위에서 일곱째 상자 •

아래에서 여섯째 상자 •

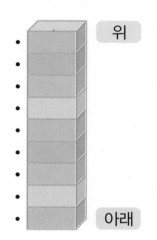

위

아래

😊 내가 만드는 문제

18 정리함을 보고 보기 와 같이 자유롭게 이야기를 만들어 보세요.

물건이 왼쪽에서 또는 오른쪽에서 몇째 칸에 있는지 다양하게 쓸 수 있어.

보기
토끼 인형은 왼쪽에서 넷째 칸에 있습니다.

2명과 둘째의 차이는 뭐야?

2명

형   나

우리 형제는 ☐ 명입니다.

첫째   둘째

형   나

나는 둘째입니다.

2는 수를 나타내고 둘째는 순서를 나타내.

19 순서에 알맞게 빈칸에 수를 써넣으세요.

(1)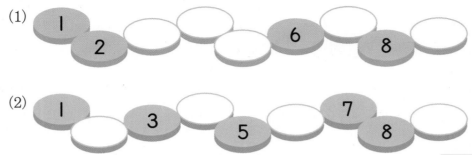

(2)

19➕ 순서에 알맞게 빈칸에 수를 써넣으세요.

| 15 | 16 | | | 19 |

5단원에서 만나!

19까지의 수의 순서

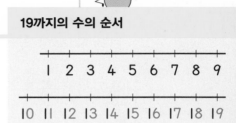

20 대관람차에 수가 순서대로 적혀 있습니다. □ 안에 알맞은 수를 써넣으세요.

▶ 1부터 ◯ 방향으로 수를 써넣어.

21 수를 순서대로 이어 보세요.

▶ 1부터 9까지의 수를 순서대로 선으로 연결해.

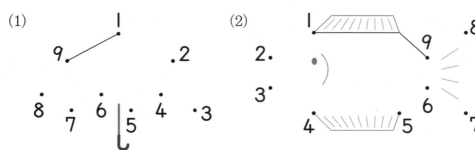

22 순서를 거꾸로 하여 빈칸에 알맞은 수를 써넣으세요.

► 거꾸로 쓴다고 9, 8, 7, 6을
6, 8, ㄴ, 9라고 쓰면 안돼!

(1)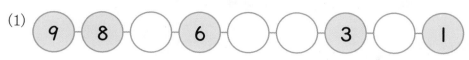

(2)

23 사물함의 번호를 수의 순서대로 써넣으세요.

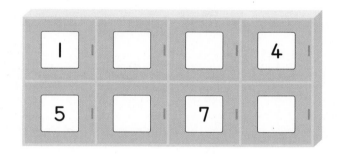

☺ 내가 만드는 문제

24 1부터 9까지의 수 중에서 골라 ☐ 안에 순서대로 써넣으세요.

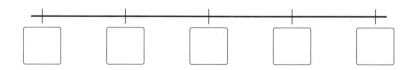

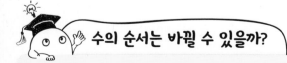 수의 순서는 바뀔 수 있을까?

수의 순서는 절대 변하지 않습니다.

우리 형이 나보다
먼저 태어났다는 것은
절대 변하지 않지.

5 |만큼 더 큰 수는 바로 뒤의 수, |만큼 더 작은 수는 바로 앞의 수야.

• **1만큼 더 큰 수와 1만큼 더 작은 수**

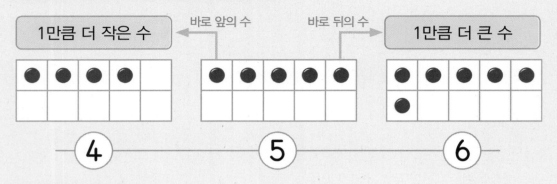

• **0 알아보기**

➡ 아무것도 없는 것을 0이라고 합니다.   읽기 영

---

1 □ 안에 알맞은 수를 써넣으세요.

3보다 |만큼 더 작은 수는 ☐ 이고, 3보다 |만큼 더 큰 수는 ☐ 입니다.

2 빈칸에 |만큼 더 작은 수와 |만큼 더 큰 수를 써넣으세요.

(1) |만큼 더 작은 수 |만큼 더 큰 수

(2) |만큼 더 작은 수 |만큼 더 큰 수

☐ ― 7 ― ☐

3 케이크의 수를 써 보세요.

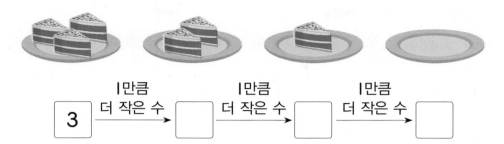

3 →(1만큼 더 작은 수)→ ☐ →(1만큼 더 작은 수)→ ☐ →(1만큼 더 작은 수)→ ☐

4 주어진 수보다 1만큼 더 큰 수를 나타내는 것을 찾아 이어 보세요.

5 ·

6 ·

7 ·

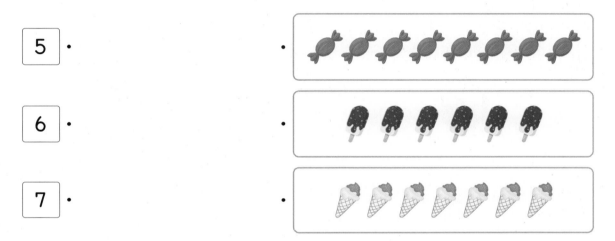

5 사자의 수보다 1만큼 더 작은 수를 쓰고 읽어 보세요.

쓰기 (   )

읽기 (   )

> 1보다 1만큼 더 작은 수를 생각해 봐.

6 우산의 수보다 1만큼 더 큰 수와 1만큼 더 작은 수를 각각 써 보세요.

1만큼 더 큰 수 (   )

1만큼 더 작은 수 (   )

6 하나씩 연결하여 남는 쪽이 더 큰 수야.

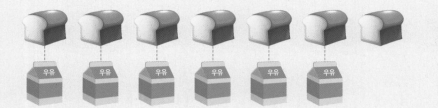

식빵이 남으므로
7이 더 큰 수야.

식빵은 <u>우유</u>보다 <u>많습니다</u>.
7 은 6 보다 큽니다.

1 그림을 보고 물음에 답하세요.

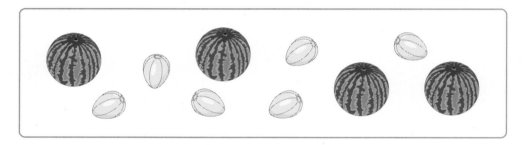

(1) 수박과 참외의 수만큼 ○를 그리고, 수를 써넣으세요.

(2) 알맞은 말에 ○표 하세요.

수박은 참외보다 (많습니다 , 적습니다).
→ 4는 6보다 (큽니다 , 작습니다).

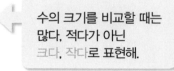
수의 크기를 비교할 때는
많다, 적다가 아닌
크다, 작다로 표현해.

2 나비가 더 많은 쪽에 ○표 하세요.

( )

( )

3 수만큼 ○를 그리고, 두 수의 크기를 비교해 보세요.

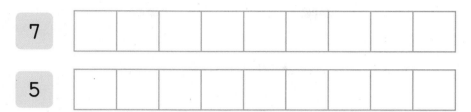

7은 5보다 (큽니다 , 작습니다).

5는 7보다 (큽니다 , 작습니다).

4 3과 6의 크기를 비교해 보세요.

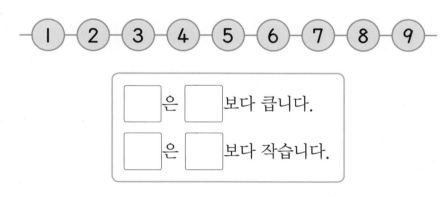

수를 순서대로 썼을 때 앞의 수가 뒤의 수보다 작은 수이고, 뒤의 수가 앞의 수보다 큰 수야.

☐ 은 ☐ 보다 큽니다.

☐ 은 ☐ 보다 작습니다.

5 더 큰 수에 ○표 하세요.

(1)
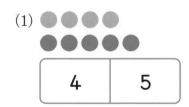

| 4 | 5 |

(2)
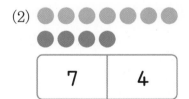

| 7 | 4 |

6 ☐ 안의 수보다 작은 수를 모두 찾아 ○표 하세요.

(1)

(2)

1 ◆ 안의 수보다 l만큼 더 작은 수에 △표, l만큼 더 큰 수에 ○표 하세요.

| 1 | 3 | 5 | ◆ 6 | 7 | 8 | 9 |

5단원에서 만나!

1만큼 더 큰 수와 1만큼 더 작은 수

─ 11 ─ 12 ─ 13 ─

12보다 1만큼 더 작은 수는 11이고, 12보다 1만큼 더 큰 수는 13입니다.

1➕ □ 안에 알맞은 수를 써넣으세요.

11 ─ 12 ─ 13 ─ 14 ─ 15 ─ 16 ─ 17

16보다 l만큼 더 작은 수는 □ 이고,

16보다 l만큼 더 큰 수는 □ 입니다.

2 꽃의 수를 세어 □ 안에 써넣으세요.

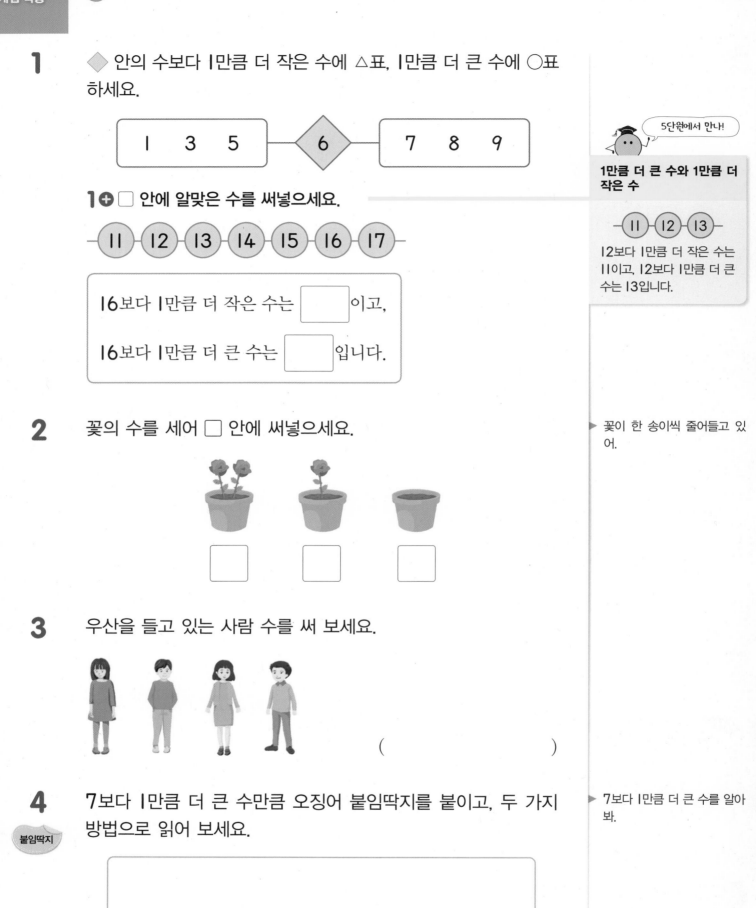

□   □   □

▶ 꽃이 한 송이씩 줄어들고 있어.

3 우산을 들고 있는 사람 수를 써 보세요.

(   )

4 7보다 l만큼 더 큰 수만큼 오징어 붙임딱지를 붙이고, 두 가지 방법으로 읽어 보세요.

붙임딱지

▶ 7보다 l만큼 더 큰 수를 알아 봐.

(   ), (   )

5 빈칸에 알맞은 수를 써넣으세요.

(1)

|만큼 더 작은 수 → 5

|만큼 더 큰 수 → 7

(2)

|만큼 더 작은 수 → 7

|만큼 더 큰 수 → 9

🔗 탄탄북

6 ☐ 안에 알맞은 수를 써넣으세요.

(1) 5는 ☐ 보다 |만큼 더 큰 수이고, ☐ 보다 |만큼 더 작은 수입니다.

(2) 7은 ☐ 보다 |만큼 더 큰 수이고, ☐ 보다 |만큼 더 작은 수입니다.

▶ |만큼 더 작은 수는 바로 앞의 수이고 |만큼 더 큰 수는 바로 뒤의 수야.

☺ 내가 만드는 문제

7 |부터 8까지의 수 중 하나를 골라 ☐ 안에 쓰고, |만큼 더 작은 수와 |만큼 더 큰 수를 ○ 안에 써넣으세요.

○ ←— |만큼 더 작은 수 —— ☐ —— |만큼 더 큰 수 —→ ○

🎓 5보다 2만큼 더 작은 수와 5보다 2만큼 더 큰 수는 각각 몇일까?

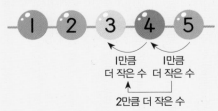

· 5보다 2만큼 더 작은 수

1 2 3 4 5

|만큼 더 작은 수 |만큼 더 작은 수

2만큼 더 작은 수

➡ 5보다 2만큼 더 작은 수는 ☐ 입니다.

· 5보다 2만큼 더 큰 수

5 6 7 8 9

|만큼 더 큰 수 |만큼 더 큰 수

2만큼 더 큰 수

➡ 5보다 2만큼 더 큰 수는 ☐ 입니다.

8 그림의 수를 세어 쓰고, 두 수의 크기를 비교해 보세요.

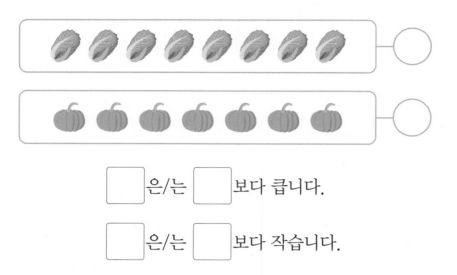

⬜ 은/는 ⬜ 보다 큽니다.

⬜ 은/는 ⬜ 보다 작습니다.

8➊ 더 큰 수에 ○표 하세요.

18	15
( )	( )

5단원에서 만나!

몇십몇의 크기 비교

16과 14의 크기 비교

$1 = 1$

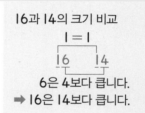

6은 4보다 큽니다.
➡ 16은 14보다 큽니다.

🔗 탄탄북

9 6보다 작은 수는 모두 몇 개일까요?

5	9	4	2	7

( )

▶ 먼저 주어진 수를 순서대로 써 봐.

10 보기 와 같이 가운데 수보다 작은 수는 빨간색으로, 가운데 수보다 큰 수는 파란색으로 칠해 보세요.

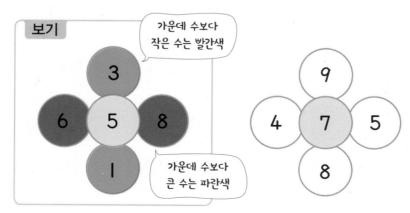

11 젤리를 영지는 **8**개 먹었고, 지후는 **7**개 먹었습니다. 젤리를 더 많이 먹은 사람은 누구일까요?

► 8과 7의 크기를 비교해.

(   )

12 김밥, 쿠키, 딸기의 수를 세어 보고 ☐ 안에 알맞은 수를 써넣으세요.

► 김밥, 쿠키, 딸기의 수를 세어 크기를 비교해.

가장 큰 수는 ☐ 이고, 가장 작은 수는 ☐ 입니다.

😊 내가 만드는 문제

13 보기 에서 세 수를 골라 수가 왼쪽에서부터 커지도록 ○ 안에 써넣으세요.

보기
9 1 3 7 5

1부터 9까지의 수 중에서 가장 큰 수는?

1   2   3   4   5   **6**   7   8   9

❌
가장 큰 수는
가장 크게 쓰여 있는 6입니다.

⭕
크게 쓰여 있다고 큰 수가 아닙니다.
수가 나타내는 양이 큰 것이 큰 수입니다.
➡ 가장 큰 수는 ☐ 입니다.

내가 형보다 키가 더 크다고
해서 내가 형인 건 아니잖아!

① 묶지 않은 물건의 수 세어 보기

왼쪽의 수만큼 묶었을 때, 묶지 않은 것의 수를 세어 써 보세요.

5

묶지 않은 것은 묶고 남은 것이야.

묶은 것　　묶지 않은 것

1+ 왼쪽의 수만큼 묶었을 때, 묶지 않은 것의 수를 세어 써 보세요.

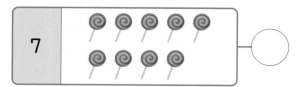

7

② 수를 잘못 읽은 사람 찾기

대화를 읽고 수를 잘못 읽은 사람은 누구인지 이름을 써 보세요.

지수: 내 번호는 구 번이야.
승아: 나는 이번 달에 동화책을 다섯 권 읽었어.
미라: 교실에 우산이 육 개 있어.

(　　　　　　　　)

수는 상황에 따라 두 가지 방법으로 읽을 수 있어.

2　　VS

➡ 이번 버스　　　➡ 버스 두 대

2+ 대화를 읽고 수를 잘못 읽은 사람은 누구인지 이름을 써 보세요.

정국: 화분에 해바라기가 일곱 송이 있어.
민호: 강아지가 팔 마리 태어났어.
유진: 내 동생은 세 살이야.

(　　　　　　　　)

3 나타내는 수가 다른 하나 찾기

나타내는 수가 나머지 셋과 다른 하나에
○표 하세요.

다섯	4보다 1만큼 더 큰 수
육	6보다 1만큼 더 작은 수

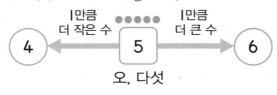

먼저 각각이 나타내는 수를 모두 숫자로 나타내 봐.

1만큼
더 작은 수   1만큼
더 큰 수

4 ← 5 → 6

오, 다섯

3+ 나타내는 수가 나머지 셋과 다른 하나에
○표 하세요.

8보다 1만큼 더 큰 수	여덟
9보다 1만큼 더 작은 수	팔

4 수의 크기 비교하기

다음 수를 작은 수부터 차례로 써 보세요.

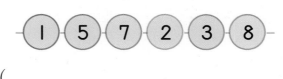

(   )

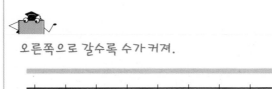

오른쪽으로 갈수록 수가 커져.

1 2 3 4 5 6 7 8 9

4+ 다음 수를 큰 수부터 차례로 써 보세요.

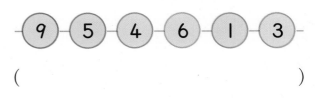

(   )

5 ●보다 크고 ▲보다 작은 수 구하기

2보다 크고 7보다 작은 수를 모두 써 보세요.

( )

●보다 크고 ▲보다 작은 수에는 ●와 ▲가 포함되지 않아.

1	2	3	4	5	6

→ 1보다 크고 6보다 작은 수

5+ 3보다 크고 9보다 작은 수는 모두 몇 개일까요?

( )

6 모두 몇 명인지 알아보기

나래는 앞에서 다섯째, 뒤에서 둘째에 서 있습니다. 줄을 서 있는 어린이는 모두 몇 명일까요?

( )

줄을 서 있는 어린이를 ○로 나타내 그림을 그려서 해결해.

(앞) 첫째 둘째 셋째 넷째 다섯째
○   ○   ○   ○   ●
↓
뒤에서 둘째가 되어야 해.

6+ 예은이는 서로 다른 수 카드를 한 줄로 늘어놓았습니다. 0 은 왼쪽에서 넷째, 오른쪽에서도 넷째에 있습니다. 예은이가 늘어놓은 수 카드는 모두 몇 장일까요?

( )

단원 평가

점수 | 확인

1 알맞게 이어 보세요.

 · · 3

 · · 5

 · · 2

2 수를 세어 ☐ 안에 써넣으세요.

 ☐

3 병아리의 수를 두 가지 방법으로 읽어 보세요.

( ), ( )

4 사과의 수를 세어 보고 알맞은 것에 모두 ○표 하세요.

(3, 4, 오, 넷, 셋)

5 야구 글러브의 수보다 1만큼 더 작은 수를 써 보세요.

( )

[6~7] 예진이와 친구들이 버스를 타려고 한 줄로 서 있습니다. 물음에 답하세요.

예진 지후 은호 성준 수정

6 왼쪽에서 넷째에 서 있는 친구는 누구일까요?

( )

7 은호는 오른쪽에서 몇째에 서 있을까요?

( )

단원 평가

8 순서에 알맞게 빈칸에 수를 써넣으세요.

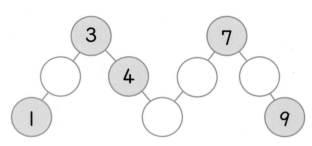

9 왼쪽에서부터 세어 알맞게 색칠해 보세요.

일곱(칠)	○○○○○○○○○
일곱째	○○○○○○○○○

10 상자에 공을 담았습니다. 축구공과 농구공은 각각 몇 개일까요?

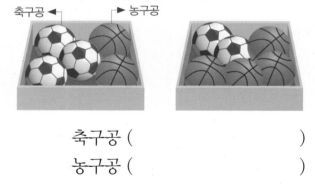

축구공 (   )

농구공 (   )

11 순서를 거꾸로 하여 빈칸에 수를 써 보세요.

| 7 | | | 4 | |

12 연결 모형을 보고 □ 안에 알맞은 수를 써넣으세요.

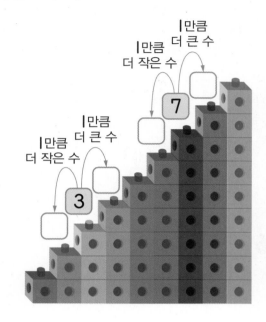

13 더 큰 수에 ○표 하세요.

(1)

8	6

(2)

2	5

14 꽃의 수보다 1만큼 더 큰 수에 ○표, 1만큼 더 작은 수에 △표 하세요.

(6   5   9   7)

15 왼쪽의 수만큼 묶으면 묶지 않은 것은 몇 개일까요?

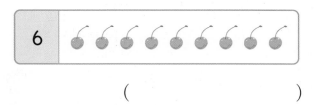

(　　　　　　　　)

16 작은 수부터 차례로 써 보세요.

| 2 | 6 | 7 | 4 |

(　　　　　　　　)

17 왼쪽에서 셋째에 있는 모양은 오른쪽에서 몇째에 있을까요?

왼쪽 ➡

◯ △ ☐ ★ ♡ ▽ ✿ ◇ ♣

◀ 오른쪽

(　　　　　　　　)

18 학생 9명이 한 줄로 나란히 서 있습니다. 연아는 셋째에 서 있고, 다현이는 여덟째에 서 있습니다. 연아와 다현이 사이에는 몇 명이 서 있을까요?

(　　　　　　　　)

19 지난주에 동화책을 수연이는 5권 읽었고 민지는 6권 읽었습니다. 누가 동화책을 몇 권 더 많이 읽었는지 풀이 과정을 쓰고 답을 구해 보세요.

풀이

답 　　　　　　　　,

20 다음을 만족하는 수는 모두 몇 개인지 풀이 과정을 쓰고 답을 구해 보세요.

> • 2와 7 사이의 수입니다.
> • 4보다 큰 수입니다.

풀이

답

2 여러 가지 모양

누구의 꼬리일까?

각각의 모양을 보고 특징을 알 수 있어!

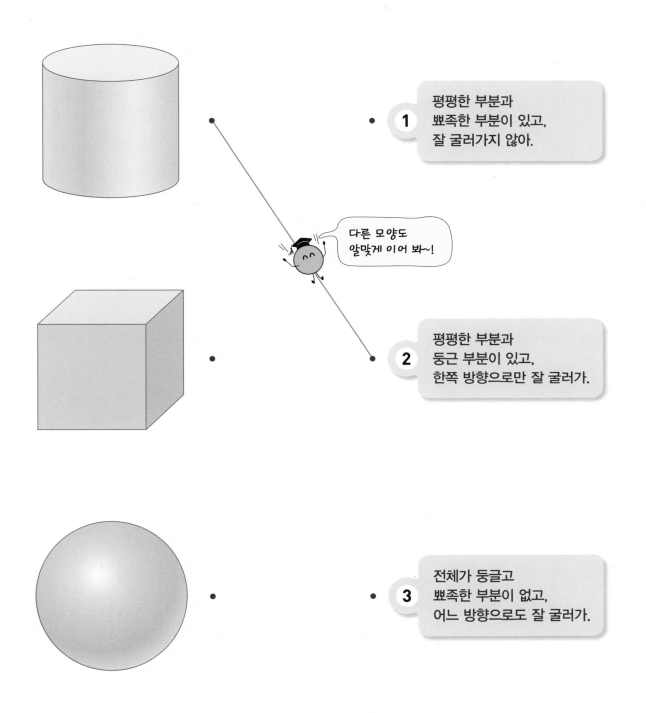

1 평평한 부분과 뾰족한 부분이 있고, 잘 굴러가지 않아.

다른 모양도 알맞게 이어 봐~!

2 평평한 부분과 둥근 부분이 있고, 한쪽 방향으로만 잘 굴러가.

3 전체가 둥글고 뾰족한 부분이 없고, 어느 방향으로도 잘 굴러가.

1 주변에서 , , 모양을 찾아봐.

크기가 달라도
같은 모양이야.

방향이 달라도
같은 모양이야.

색깔이 달라도
같은 모양이야.

같은 모양을 찾을 때에는
전체적인 모양을 생각해.

1 그림을 보고 ☐ 안에 알맞은 기호를 써넣으세요.

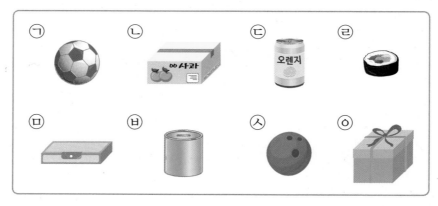

(1) 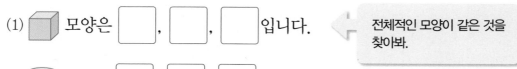 모양은 ☐ , ☐ , ☐ 입니다.

전체적인 모양이 같은 것을
찾아봐.

(2) 모양은 ☐ , ☐ , ☐ 입니다.

(3) 모양은 ☐ , ☐ 입니다.

2 같은 모양끼리 이어 보세요.

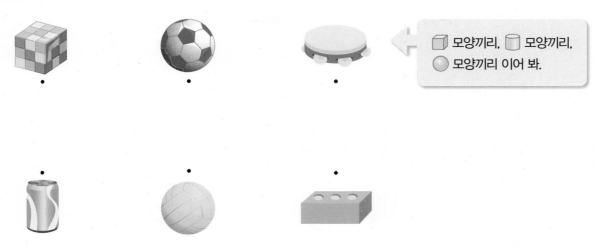

> ⬜ 모양끼리, 🥫 모양끼리,
> ⚪ 모양끼리 이어 봐.

3 같은 모양끼리 모은 것입니다. 어떤 모양을 모은 것인지 ○표 하세요.

(1)

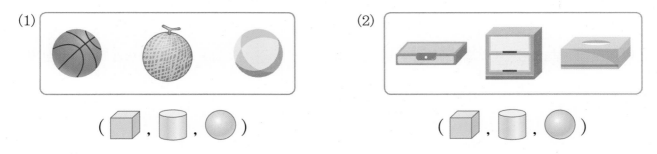

(⬜ , 🥫 , ⚪)

(2)

(⬜ , 🥫 , ⚪)

4 같은 모양끼리 모은 것에 ○표 하세요.

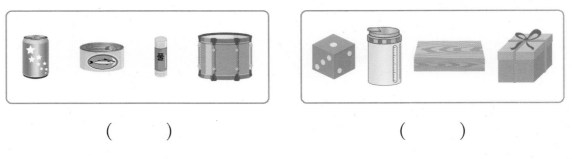

(   )　　　　　　　(   )

2 모양의 특징을 알면 어떤 모양인지 알 수 있어.

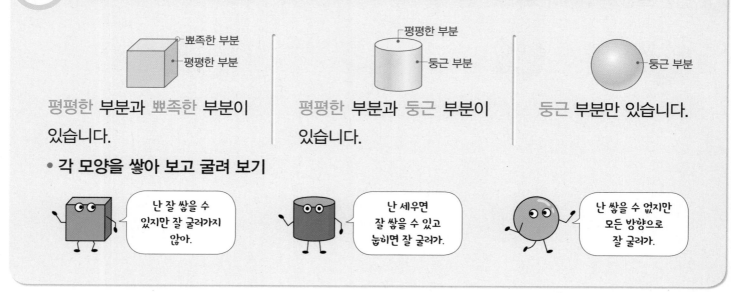

평평한 부분과 뾰족한 부분이 있습니다.

평평한 부분과 둥근 부분이 있습니다.

둥근 부분만 있습니다.

• 각 모양을 쌓아 보고 굴려 보기

1 그림을 보고 ☐ 안에 알맞은 기호를 써넣으세요.

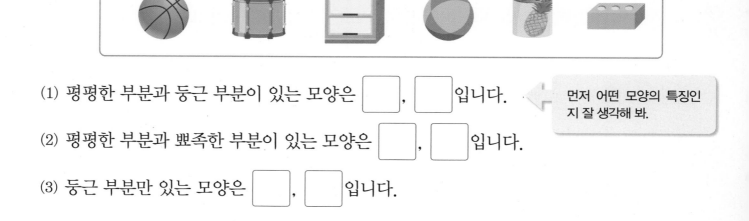

(1) 평평한 부분과 둥근 부분이 있는 모양은 ☐ , ☐ 입니다.

> 먼저 어떤 모양의 특징인지 잘 생각해 봐.

(2) 평평한 부분과 뾰족한 부분이 있는 모양은 ☐ , ☐ 입니다.

(3) 둥근 부분만 있는 모양은 ☐ , ☐ 입니다.

2 현서가 비밀 상자 속에서 잡은 물건으로 알맞은 것에 ○표 하세요.

(   ) (   ) (   )

3 어떤 모양에 대한 설명인지 모두 찾아 ○표 하세요. ← 둥근 부분이 있으면 잘 굴러가고, 평평한 부분이 있으면 잘 쌓을 수 있어.

(1) 굴리면 잘 굴러갑니다.

()

(2) 잘 쌓을 수 있습니다.

()

4 알맞게 이어 보세요.

 •

 •

 •

• 세우면 잘 쌓을 수 있고 눕히면 잘 굴러갑니다.

• 쌓을 수 없지만 모든 방향으로 잘 굴러갑니다.

• 잘 쌓을 수 있지만 잘 굴러가지 않습니다.

5 어떤 모양의 일부분을 나타낸 것입니다. 알맞은 모양에 ○표 하세요.

(1)

()

(2)

()

(3)

()

3 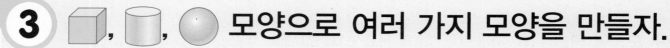 , , 모양으로 여러 가지 모양을 만들자.

- , , 모양 중 한 가지로만 만들기

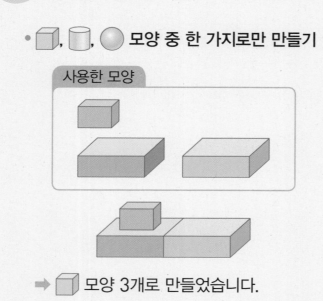

사용한 모양

➡ 모양 3개로 만들었습니다.

- , , 모양 모두 사용하여 만들기

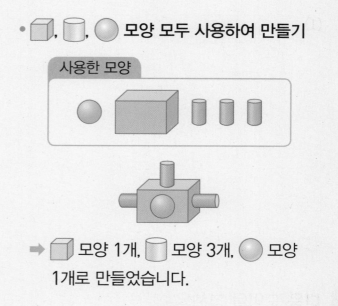

사용한 모양

➡ 모양 1개, 모양 3개, 모양 1개로 만들었습니다.

---

1 모양을 보고 □ 안에 알맞은 기호를 써넣으세요.

(1)

주어진 모양을 모두 사용하여 만든 모양은 □ 입니다.

(2)

주어진 모양을 모두 사용하여 만든 모양은 □ 입니다.

---

2 모양만 사용하여 만든 모양에 ○표 하세요.

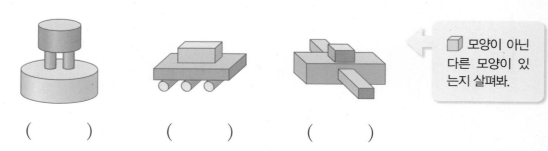

( ) ( ) ( )

모양이 아닌 다른 모양이 있는지 살펴봐.

3 다음 모양을 만드는 데 사용한 모양에 모두 ○표 하세요.

(1)

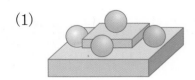

(2)

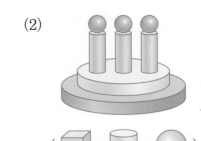

만든 모양에 각각의 모양이 있는지 확인 해 봐.

4 다음 모양을 만드는 데 사용하지 않은 모양에 ○표 하세요.

(1)

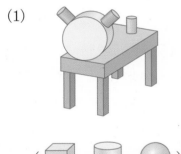

(2)

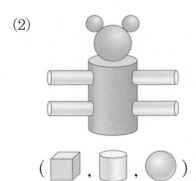

5 다음 모양을 만드는 데 사용한 각 모양의 수를 빈칸에 알맞게 써넣으세요.

(1)

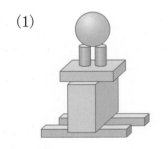

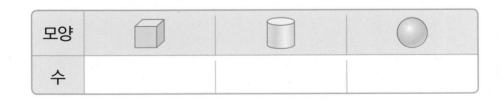

모양	(상자)	(기둥)	(공)
수			

(2)

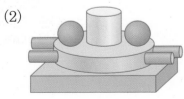

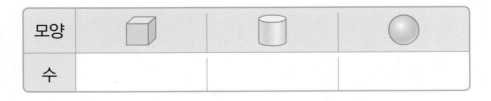

모양	(상자)	(기둥)	(공)
수			

1 왼쪽 물건과 같은 모양의 물건에 ○표 하세요.

( )　( )　( )

▶ 먼저 야구공은 ⬜, ⬛, ● 모양 중 어떤 모양인지 알아 봐.

2 ⬜ 모양이 있는 칸을 모두 찾아 색칠해 보세요.

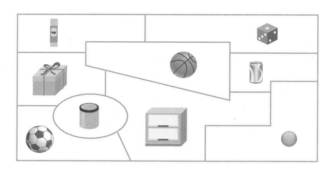

▶ 같은 모양을 찾을 때에는 크기나 색깔은 생각하지 않아도 돼.

🔗 탄탄북
3 같은 모양끼리 모은 것입니다. 잘못 모은 것을 찾아 기호를 써 보세요.

( )

1학년 2학기 때 만나!

3➕ 모양이 다른 하나를 찾아 ✕표 하세요.

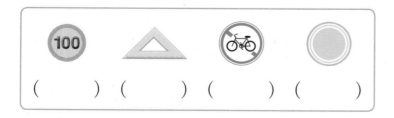

( )　( )　( )　( )

■, ▲, ● 모양 알아보기

4   모양은 모두 몇 개인지 구해 보세요.

(   )

5 책상 위에 여러 가지 물건들이 있습니다.  모양은 □표,
모양은 △표, ⬤ 모양은 ○표 하세요.

😊 내가 만드는 문제

6 🧊, 🥫, ⬤ 모양 중에서 한 모양을 골라 그 모양의 물건들을
모두 찾아 ○표 하세요.

▶ 먼저 🧊, 🥫, ⬤ 모양 중에서 한 모양을 골라 봐.

🎓💭 지구와 달은 🧊, 🥫, ⬤ 중에서 어느 모양일까?

♪앞으로~ 앞으로~
앞으로~ 앞으로~
지구는 둥그니까~

♪달 달 무슨 달 쟁반같이
둥근 달~

노래에서 알 수 있듯이 지구와 달은 (🧊 , 🥫 , ⬤) 모양입니다.

2. 여러 가지 모양 **43**

7 물건 굴리기 놀이를 하려고 합니다. 굴리기 어려운 모양을 모두 골라 ○표 하세요.

▶ 둥근 부분이 있어야 잘 굴러 갈 수 있어.

(   )   (   )   (   )   (   )   (   )

8 알맞게 이어 보세요.

▶ 각 모양의 특징을 생각해 봐.

  ·   ·   ·   ·

  ·   ·   ·   ·

  ·   ·   ·   ·

9 🔲 모양을 종이에 대고 그렸을 때 나오는 모양을 보기 에서 찾아 기호를 써 보세요.

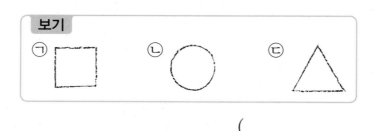

(   )

9➕ 그림과 같이 삼각자를 종이에 대고 그리면 나오는 모양에 ○표 하세요.

▶ 각 모양을 위, 앞에서 본 모양

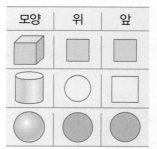

모양	위	앞

1학년 2학기 때 만나!

🔲, 🔺, 🔴 **모양 본뜨기**

물건을 본떠 🔲, 🔺, 🔴 모양을 알 수 있습니다.

🔗 탄탄북

10 잘 쌓을 수 없는 모양을 찾아 기호를 써 보세요.

(   )

▶ 평평한 부분이 없으면 잘 쌓을 수 없어.

😊 내가 만드는 문제

11 ⬜, ⬛, ⚫ 모양 중에서 한 모양을 골라 그 모양의 특징을 찾아 ○표 하세요.

(⬜ , ⬛ , ⚫) 모양은

• 잘 쌓을 수 있지만 잘 굴러가지 않습니다.   (   )
• 쌓을 수 없지만 모든 방향으로 잘 굴러갑니다.   (   )
• 세우면 잘 쌓을 수 있고 눕히면 잘 굴러갑니다.   (   )

2

🎓 **자전거 바퀴가 ⬜ 모양이면?**

자전거 바퀴가 ⬜ 모양이면

둥근 부분이 없고 평평한 부분만 있어서
잘 구르지 않습니다.

자전거 바퀴는 한쪽 방향으로 잘 구르는
(⬜ , ⬛ , ⚫) 모양이어야 합니다.

자전거 바퀴가 ⚫ 모양이면
모든 방향으로 굴러가서
원하는 방향으로 갈 수 없어.

12 다음 모양을 만드는 데 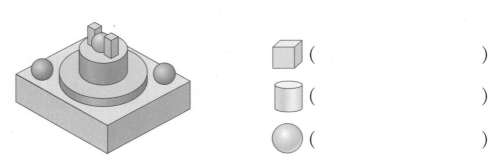, ⬜, ⚪ 모양을 각각 몇 개 사용했는지 세어 보세요.

▶ ⬜, ⬜, ⚪ 모양을 두 번 세거나 빠뜨리지 않도록 주의해.

⬜ (   )

⬜ (   )

⚪ (   )

13 주어진 모양을 모두 사용하여 만든 모양을 찾아 이어 보세요.

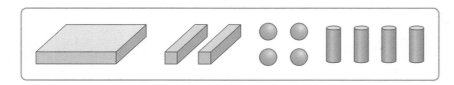

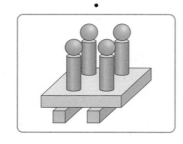   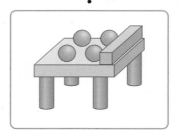

🔗 탄탄북

14 ⬜ 모양 3개, ⬜ 모양 4개, ⚪ 모양 1개를 사용하여 모양을 만든 사람은 누구일까요?

민영

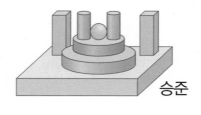
승준

(   )

탄탄북

15 오른쪽 모양을 만드는 데 가장 많이 사용
한 모양을 찾아 ○표 하세요.

16 두 그림에서 서로 다른 부분을 모두 찾아 ○표 하세요.

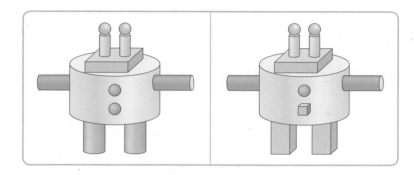

▶ 두 그림의 각 부분에 모양 중에서 어떤 모양을 사용했는지 비교해 봐.

 내가 만드는 문제

17  모양의 붙임딱지를 붙여 만들고 싶은 모양을 만
들어 보세요.

붙임딱지

 같은 ⬜, ⬛, ⚫ 모양, 같은 개수로 한 가지 모양만 만들 수 있을까?

같은 모양, 같은 개수로
여러 가지 모양을 만들 수 있어.

➡ 모두 ⬜ 모양 [ ]개, ⬛ 모양 [ ]개, ⚫ 모양 [ ]개를 사용하여 만든 모양입니다.

1 공통으로 가진 모양 찾기

진호와 유리가 가지고 있는 물건입니다.
두 사람이 공통으로 가지고 있는 모양에
○표 하세요.

진호

유리

()

 두 사람이 각각 가지고 있는 모양이
□, ⬭, ● 모양 중에서 어느 것인지 찾아봐.

1+

명지와 소희가 가지고 있는 물건입니다.
두 사람이 공통으로 가지고 있는 모양에
○표 하세요.

명지

소희

()

2 일부분을 보고 알맞은 모양 찾기

□ 모양의 물건을 가지고 있는 사람의
이름을 써 보세요.

민아   수지   효연

(   )

□ 모양은 뾰족한 부분과 평평한 부분이 있어.

평평한 부분   뾰족한 부분

2+

⬭ 모양의 물건을 가지고 있는 사람의
이름을 써 보세요.

은주   정민   서연

(   )

③ 굴렸을 때 알맞은 모양 찾기

성희가 설명하는 물건을 찾아 기호를 써 보세요.

성희 : 굴려 보았을 때 모든 방향으로 잘 굴러가.

㉠ ㉡ ㉢

( )

굴러가려면 둥근 부분이 있어야 해.

둥근 부분 / 평평한 부분 / 둥근 부분

3+ 민호가 설명하는 물건을 모두 찾아 기호를 써 보세요.

민호 : 굴려 보았을 때 한 방향으로만 잘 굴러가.

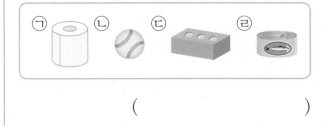

㉠ ㉡ ㉢ ㉣

( )

④ 여러 방향에서 본 모양 비교하기

위에서 보았을 때 ● 모양인 물건은 모두 몇 개일까요?

( )

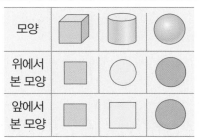

모양			
위에서 본 모양	□	○	●
앞에서 본 모양	□	□	●

4+ 어느 방향에서 보아도 ● 모양인 물건은 모두 몇 개일까요?

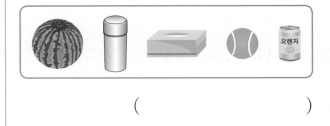

( )

5 사용한 모양의 개수 비교하기

모양을 만드는 데 모양은 ⬤ 모양 보다 몇 개 더 많이 사용했나요?

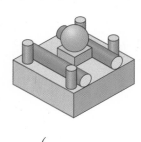

( )

각 모양의 개수를 셀 때에는 빠뜨리지 않게 ○표나 ∨표 등을 하면서 세어 봐.

→ 모양에 ○표 해 보면 모양은 2개 입니다.

6 모양을 찾고 사용한 모양의 개수 세기

다음 모양을 만드는 데 오른 쪽과 같은 모양을 몇 개 사용 했나요?

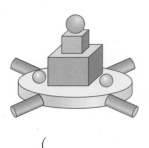

( )

먼저 이 어떤 모양인지 찾아봐.

평평한 부분

둥근 부분

→ 평평한 부분과 둥근 부분이 있습니다.

5+

모양을 만드는 데 모양은 모양 보다 몇 개 더 적게 사용했나요?

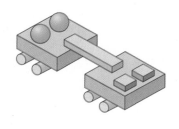

( )

6+

다음 모양을 만드는 데 오른 쪽과 같은 모양을 몇 개 사용 했나요?

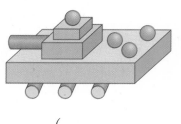

( )

단원 평가

점수 | 확인

1 왼쪽과 같은 모양에 ○표 하세요.

[2~3] 그림을 보고 물음에 답하세요.

2 🔲 모양을 모두 찾아 기호를 써 보세요.

( )

3 🔵 모양을 모두 찾아 기호를 써 보세요.

( )

4 케이크는 어떤 모양인지 알맞은 모양에 ○표 하세요.

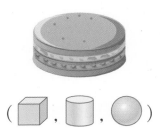

(🔲 , 🔘 , ⚪)

5 모양이 같은 것끼리 이어 보세요.

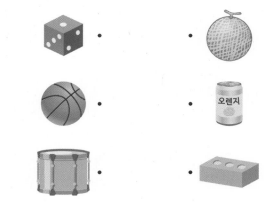

[6~7] 진열대 위에 여러 가지 물건들이 있습니다. 물음에 답하세요.

6 🔘 모양을 모두 찾아 △표 하세요.

7 🔲 모양은 몇 개일까요?

( )

단원 평가

8 다음은 어떤 모양의 물건을 모아 놓은 것인지 찾아 ○표 하세요.

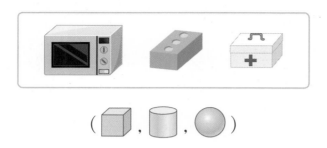

(⬜ , 🛢 , ⚪)

9 모양이 나머지와 다른 하나를 찾아 ○표 하세요.

(   ) (   ) (   ) (   )

[10~11] 그림을 보고 물음에 답하세요.

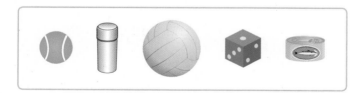

10 전체가 둥글고 뾰족한 부분이 없는 물건은 몇 개일까요?

(   )

11 잘 굴러가지 않는 물건은 몇 개일까요?

(   )

12 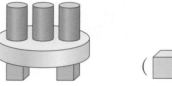 모양에 대해 바르게 설명한 것을 모두 찾아 기호를 써 보세요.

> ㉠ 둥근 부분이 있습니다.
> ㉡ 평평한 부분이 있습니다.
> ㉢ 뾰족한 부분이 있습니다.
> ㉣ 한 방향으로만 잘 굴러갑니다.

(   )

13 다음 모양을 만드는 데 사용한 모양에 모두 ○표 하세요.

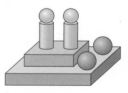

(⬜ , 🛢 , ⚪)

[14~15] 모양을 보고 물음에 답하세요.

14  모양과  모양을 각각 몇 개 사용했나요?

⬜ (   )

🛢 (   )

15 축구공과 같은 모양을 몇 개 사용했나요?

(   )

16 주어진 모양을 모두 사용하여 만든 모양을 찾아 이어 보세요.

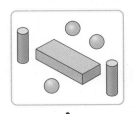 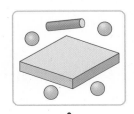

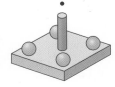

17 다음 모양을 만드는 데 오른쪽과 같은 모양을 몇 개 사용했나요?

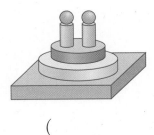

( )

18 다음 모양을 만드는 데 가장 많이 사용한 모양에 ◯표 하세요.

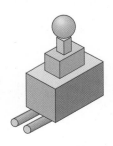

19 한 방향으로만 잘 굴러가는 물건은 몇 개인지 구하려고 합니다. 풀이 과정을 쓰고 답을 구해 보세요.

풀이 _____

_____

답 _____

20 다음 모양을 만드는 데 ⬚ 모양은 ⬚ 모양보다 몇 개 더 많이 사용했는지 구하려고 합니다. 풀이 과정을 쓰고 답을 구해 보세요.

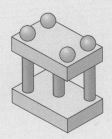

풀이 _____

_____

답 _____

3 덧셈과 뺄셈

두 수를 모으기하거나 두 수로 가르기할 수 있어!

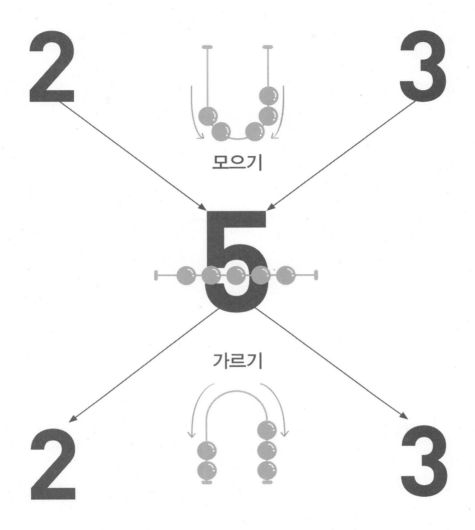

2 **3**

모으기

5

가르기

2 **3**

늘어나거나 합할 때는 덧셈!

● 덧셈

$$2 + 3 = 5$$

줄어들거나 차이를 비교할 때는 뺄셈!

● 뺄셈

$$5 - 3 = 2$$

1 모으기는 두 개를 하나로 합치고 가르기는 하나를 두 개로 나누는 거야.

• 모으기

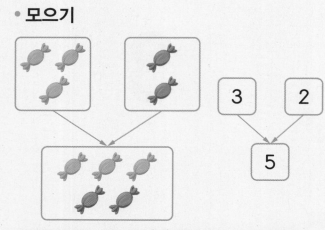

➡ 빨간색 사탕 3개와 파란색 사탕 2개를 **모으기**하면 5개입니다.

• 가르기

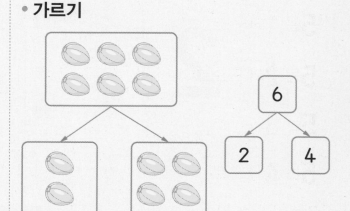

➡ 참외 6개는 2개와 4개로 **가르기**할 수 있습니다.

1 그림을 보고 빈칸에 알맞은 수를 써넣으세요.

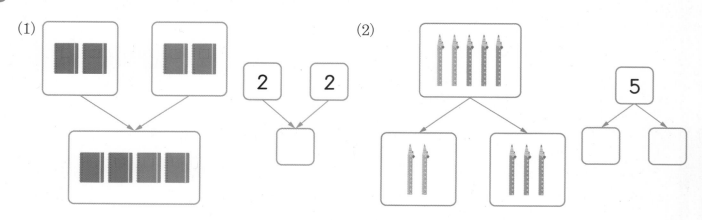

(1) | (2)

2 ☐ 안에 알맞은 수를 써넣으세요.

(1)

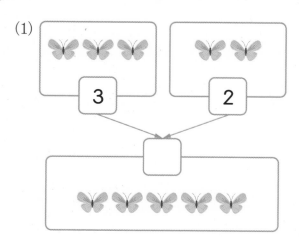

(2)

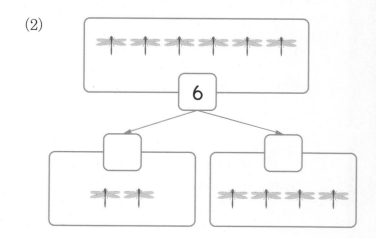

2 같은 수를 여러 방법으로 모으기하거나
가르기할 수 있어.

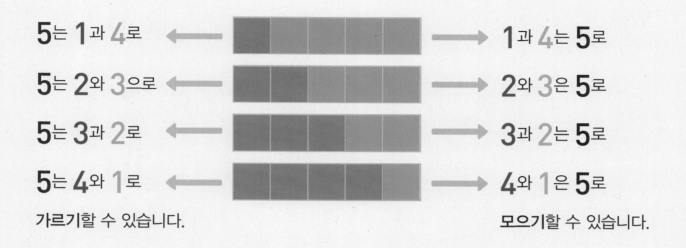

5는 1과 4로 ← → 1과 4는 5로

5는 2와 3으로 ← → 2와 3은 5로

5는 3과 2로 ← → 3과 2는 5로

5는 4와 1로 ← → 4와 1은 5로

가르기할 수 있습니다.　　　　　　　　　　　　　　모으기할 수 있습니다.

1 모으기와 가르기를 해 보세요.

(1)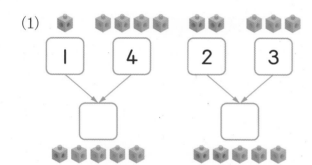

(2)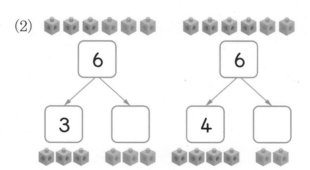

2 주어진 수를 위와 아래의 두 수로 가르기하려고 합니다.
빈칸에 알맞은 수를 써넣으세요.

수는 여러 가지 방법으로 가르기
할 수 있어.

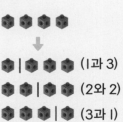

(1)

7	1	2	3	4	5	6
	6					

(2)

8	1	2	3	4	5	6	7
	7						

③ 모은다, 가른다, 더 많다, 더 적다 등을 사용해 이야기를 만들어.

• 그림을 보고 이야기 만들기

연못 안에 오리가 **4**마리 있었는데 **3**마리가 더 와서 **7**마리가 되었습니다.
└── 전체 오리의 수

풍선이 **5**개 있었는데 **3**개를 놓쳐서 **2**개가 남았습니다.
└── 남아 있는 풍선의 수

---

1 그림을 보고 ☐ 안에 알맞은 수를 써넣으세요.

(1)

나뭇가지에 참새가 **2**마리 있었는데 ☐마리가 더 날아와 모두 ☐마리가 되었습니다.

(2)

모자를 쓴 학생은 **3**명이고, 쓰지 않은 학생은 ☐명 이므로 학생은 모두 ☐명입니다.

(3)

회색 토끼는 **3**마리이고, 흰색 토끼는 ☐마리이므로 회색 토끼가 ☐마리 더 많습니다.

4 더하는 상황은 **+**를 사용해.

- **덧셈식을 쓰고 읽기**

왼쪽 어항에 물고기가 **4**마리, 오른쪽 어항에 물고기가 **3**마리 있으므로 물고기는 모두 **7**마리입니다.

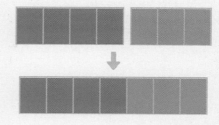

더하기는 +로, 같다는 =로 나타냅니다.

쓰기 **4 + 3 = 7**

읽기 4 더하기 3은 7과 같습니다.
4와 3의 합은 7입니다.

1 그림을 보고 관계있는 것끼리 이어 보세요.

·   ·

·   ·   ·

$2 + 4 = 6$ $1 + 4 = 5$ $5 + 2 = 7$

2 그림을 보고 덧셈식을 쓰고 읽어 보세요.

의자에 앉아 있는 학생 수와 서 있는 학생 수를 더해.

쓰기 □ + □ = □

읽기 □ 더하기 □ 은/는 □ 와/과 같습니다. / □ 와/과 □ 의 합은 □ 입니다.

5 덧셈은 ●의 수를 세어서 계산할 수 있어.

• 호랑이와 사자 수의 합 알아보기

$$4+2=\boxed{6}$$

하나씩 세면 **1**, **2**, **3**, **4**, **5**, **6**이므로 **6**입니다.

4 다음에 이어 세면 **5**, **6**이므로 **6**입니다.

손가락, 연결 모형, 수판 등 다양한 방법으로 덧셈을 할 수 있어.

---

1 그림을 보고 ○를 이어 그리고 덧셈을 해 보세요.

(1)
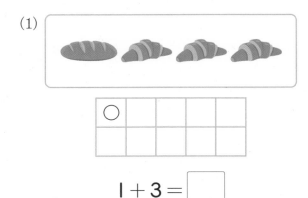

$$1+3=\boxed{}$$

(2)

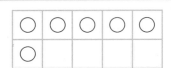

$$6+1=\boxed{}$$

---

2 버섯의 수만큼 손가락을 펴서 계산하려고 합니다. 덧셈을 해 보세요.

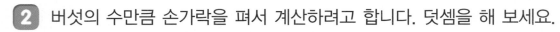

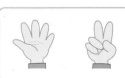

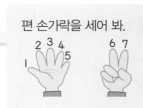

편 손가락을 세어 봐.

$$5+2=\boxed{}$$

정답과 풀이 **11**쪽

6 덧셈식을 계산할 수 있어.

● 기차를 이용하는 사람 수 알아보기

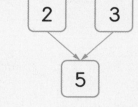

$2+3=\boxed{5}$

2와 3을 모으기하면 5입니다.

2와 3의 합은 5입니다.

기차를 이용하는 사람 수를 모두 구하기 위해서는
기차에 탄 사람과 기차에 탈 사람 수를 모으기해야 해.

1 그림을 보고 모으기한 후 덧셈을 해 보세요.

(1)

1   5

$1+5=\boxed{}$

(2)

3   3

$3+3=\boxed{}$

2 덧셈을 해 보세요. 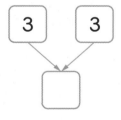 여러 가지 방법 중 한 가지 방법을 선택해서 덧셈을 해 봐.

(1) $2+2=\boxed{}$

(2) $6+2=\boxed{}$

(3) $3+4=\boxed{}$

(4) $8+1=\boxed{}$

1 모으기와 가르기(1)

1 모으기를 해 보세요.

(1)   (2)

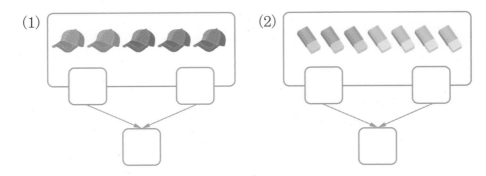

2 빈칸에 알맞은 수만큼 붙임딱지를 붙여 보세요.

붙임딱지

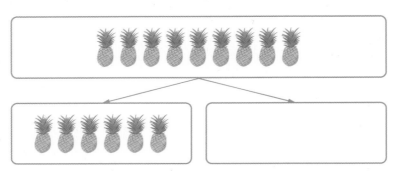

▶ 파인애플 9개는 6개와 몇 개로 가르기할 수 있는지 생각해 봐.

3 알맞은 것끼리 이어 보세요.

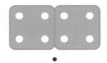      

   •   •   •

   •   •   •

  (8)   (6)   (5)

▶ 점의 수를 세어 모으기를 합니다.

4 가르기를 해 보세요.

(1)   (2)

       9   5

    4   □   1   □

탄탄북

5 그림과 같이 두 주머니에 담긴 구슬을 하나의 주머니에 모두 옮겨 담으면 구슬은 몇 개일까요?

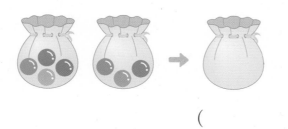

(   )

▶ 두 주머니에 담긴 구슬을 세어 모으기해 봐.

내가 만드는 문제

6 나무에서 몇 장의 나뭇잎을 따려고 합니다. 따야 할 나뭇잎의 수를 정해 나무에 ○표 하고 남은 나뭇잎은 몇 장인지 구해 보세요. (단, 나뭇잎이 모두 떨어져 있거나 모두 달려 있지 않게 합니다.)

(   )

▶ 나뭇잎은 모두 7장이야. 나뭇잎의 수를 따야 할 나뭇잎의 수와 남은 나뭇잎의 수로 가르기해 봐.

3

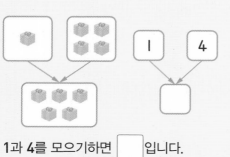

1과 4를 모으기한 것과 4와 1을 모으기한 것은 같을까?

1과 4를 모으기하면 ☐ 입니다. | 4와 1을 모으기하면 ☐ 입니다.

➡ 1과 4를 모으기한 것과 4와 1을 모으기한 것은 (같습니다 , 다릅니다).

●와 ▲를 모으기한 것과 ▲와 ●를 모으기한 것은 같아!

7 모으기와 가르기를 해 보세요.

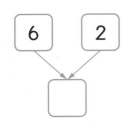 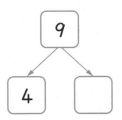

▶ 모으기는 두 수를 하나의 수로 모은 것이고 가르기는 하나의 수를 두 수로 가르는 것이야.

8 두 수를 각각 모으기한 수가 더 큰 사람의 이름을 써 보세요.

(   )

▶ 먼저 지애, 현수가 모으기한 수를 각각 구해 봐.

9 모으기를 하여 9가 되는 수끼리 이어 보세요.

10 우산을 두 가지 방법으로 가르기해 보세요.

(1) 파란색과 빨간색

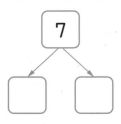

(2) 접은 것과 편 것

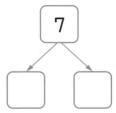

11 7을 두 수로 가르기할 때 빈칸에 알맞은 수를 써넣으세요.

7	1	2		5
	6		4	3		1

5단원에서 만나!

10 알아보기

9보다 1만큼 더 큰 수는 10 입니다.

11➕ 10을 두 수로 가르기할 때 빈칸에 알맞은 수를 써넣으세요.

10	1	2	3	4	5	6	7	8	9
	9								

12 모으기를 하여 8이 되도록 두 수를 묶어 보세요.

①1	7	2	4	6	1	6	9
5	8	6	3	4	3	5	4

▶ 바로 옆의 수끼리 묶어야 해. 이때 ╱, ╲ 방향도 생각해.

☺ 내가 만드는 문제

13 5장의 수 카드 중에서 하나를 골라 ☐ 안에 수를 쓰고 가르기를 해 보세요.

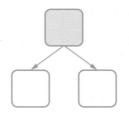

가르기한 두 수를 모으기하면 어떻게 될까?

5 모으기와 가르기

	5	
1	◑ ◑◑◑◑	4
2	◑◑ ◑◑◑	3
3	◑◑◑ ◑◑	
4	◑◑◑◑ ◑	

모으기나 가르기할 때 한쪽의 수를 하나씩 늘리면 다른 쪽의 수는 하나씩 줄어듭니다.

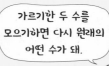

가르기한 두 수를 모으기하면 다시 원래의 어떤 수가 돼.

14 그림을 보고 이야기를 만들려고 합니다. ☐ 안에 알맞은 수를 써넣으세요.

▶ 수가 더 늘어난 상황으로 이야기를 만들어 봐.

꽃에 나비가 ☐ 마리 앉아 있었는데 ☐ 마리가 더 날아와서 모두 ☐ 마리가 되었습니다.

15 그림을 보고 이야기를 만들려고 합니다. ☐ 안에 알맞은 수를 써넣으세요.

▶ '남다'는 수가 줄어든 상황이야.

(1)

버스에 **5**명이 타고 있었는데 ☐ 명이 내려서 버스에 남아 있는 사람은 ☐ 명입니다.

(2)

둥지에 새가 **4**마리 있었는데 ☐ 마리가 날아가서 ☐ 마리가 남았습니다.

16 그림을 보고 주어진 낱말을 이용해 이야기를 만들려고 합니다. □ 안에 알맞은 수를 써넣으세요.

(1) 모두 ➡ 여학생이 **3**명 있고, 남학생이 □명 있으므로

학생은 모두 □명입니다.

(2) 더 많다 ➡ 안경을 쓰지 않은 학생은 □명이고, 안경을 쓴

학생은 □명이므로 안경을 쓰지 않은 학생이 □명 더

많습니다.

☺ 내가 만드는 문제

17 그림을 보고 보기 를 이용하여 이야기를 만들어 보세요.

보기
모은다, 가른다,
더 많다, 더 적다,
모두, 남는다

▶ '모두'를 이용하면 수가 늘어나는 이야기를 만들 수 있고, '더 많다'를 이용하면 두 수를 비교하는 이야기를 만들 수 있어.

3

▶ 한 가지 상황으로 여러 가지 이야기를 만들 수 있어.

🎓 **같은 상황을 보고 서로 다른 이야기를 만들 수 있을까?**

더하는 상황으로!

풀이 **2**개 있고, 가위가 **3**개 있으므로 풀과 가위는 모두 **5**개야.

빼는 상황으로!

풀이 **2**개 있고, 가위가 **3**개 있으므로 풀은 가위보다 **1**개 더 적어.

하나의 상황에서 더하거나 빼는 이야기를 만들 수 있어.

3. 덧셈과 뺄셈 **67**

18 그림을 보고 □ 안에 알맞은 수를 써넣으세요.

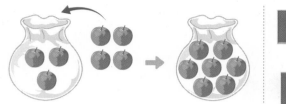

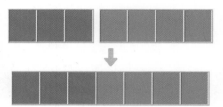

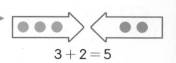

$3 + 2 = 5$

사과가 **3**개 들어 있는 봉지에 ☐ 개를 더 넣었더니 모두

☐ 개가 되었습니다.

➜ $3 + \boxed{} = \boxed{}$

19 덧셈식으로 나타내 보세요.

> **6** 더하기 **2**는 **8**과 같습니다.

식 ....

20 덧셈식으로 잘못 나타낸 것을 찾아 기호를 써 보세요.

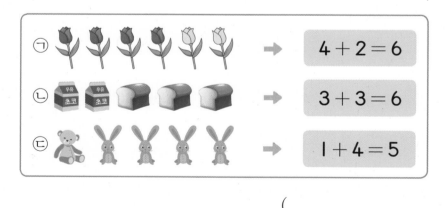

$4 + 2 = 6$

$3 + 3 = 6$

$1 + 4 = 5$

( )

덧셈 기호는 ＋ 이고, 양쪽이 같음을 나타내는 기호는 ＝ 야.

$2 + 3 = 5$

2와 3의 합은 5와 같음을 나타내.

21 그림을 보고 덧셈식을 써 보세요.

(1)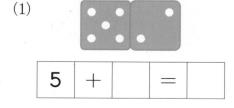

| 5 | ＋ | | ＝ | |

(2)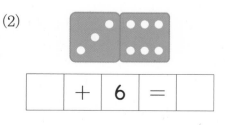

| | ＋ | 6 | ＝ | |

22 땅속과 땅 위에 있는 개미는 모두 몇 마리인지 덧셈식을 써 보세요.

> ▶ 땅속에 있는 개미와 땅 위에 있는 개미의 수를 더하는 덧셈식을 만들어 봐.

(1) 땅속에 개미가 **3**마리 있습니다.

 땅속 ➡ 3 + ☐ = ☐

(2) 땅속에 개미가 **2**마리 있습니다.

땅속 ➡ 2 + ☐ = ☐

☺ 내가 만드는 문제

23 ● 모양과 ★ 모양을 원하는 수만큼 그린 다음 모두 몇 개인지 구하는 덧셈식을 쓰고 읽어 보세요.

> ▶ ● 모양 수와 ★ 모양 수의 합이 **9**를 넘지 않도록 정해.

 3

☐

쓰기 ....

읽기 ....

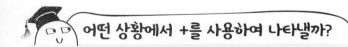 **어떤 상황에서 +를 사용하여 나타낼까?**

• 처음 수에 다른 수를 덧붙이는 상황일 때	• 두 수를 한 곳에 모으는 상황일 때

2 + 2 = ☐	2 + 2 = ☐

5 덧셈하기(1)

24 그림을 보고 덧셈식을 써 보세요.

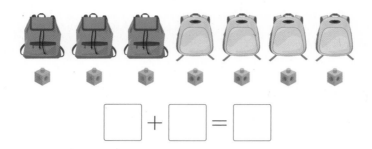

▶ 연결 모형으로 덧셈을 해 봐.

$$\boxed{} + \boxed{} = \boxed{}$$

25 알맞은 것끼리 이어 보세요.

 ·

·

 ·

·

▶ 그림을 보고 알맞은 상황을 찾아봐.

26 그림을 보고 덧셈식을 만들어 보세요.

(1) 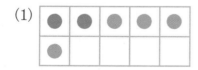   식 ....

(2) 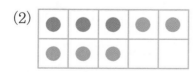   식 ....

26➕ 그림을 보고 ☐ 안에 알맞은 수를 써넣으세요.

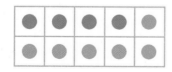 $4 + \boxed{} = 10$

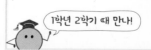 1학년 2학기 때 만나!

10이 되는 덧셈식

$1 + 9 = 10$
$2 + 8 = 10$
$3 + 7 = 10$
$4 + 6 = 10$
$5 + 5 = 10$

27 펼친 손가락이 모두 몇 개인지 덧셈식을 써 보세요.

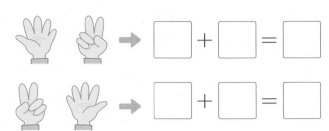

▶ 왼손과 오른손의 펼친 손가락의 수를 각각 세어 덧셈식을 써 봐.

28 감자와 고구마의 수만큼 ○를 그린 후 감자와 고구마는 모두 몇 개인지 덧셈식을 쓰고 답을 구해 보세요.

식 _____   답 _____

☺ 내가 만드는 문제

29 어항에 물고기 몇 마리를 더 넣을지 정하여 물고기는 모두 몇 마리인지 덧셈식을 써 보세요.

▶ 계산 결과가 9를 넘지 않도록 정해.

더 넣은 물고기의 수 _____

식 _____

 5+2와 2+5는 같을까?

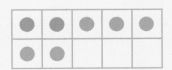

5+2 = ☐   2+5 = ☐

각각 계산을 해 봐.

➡ 두 수의 순서를 바꾸어 더해도 합은 (같습니다 , 다릅니다).

30 그림을 보고 두 수를 모으기하고 덧셈식을 써 보세요.

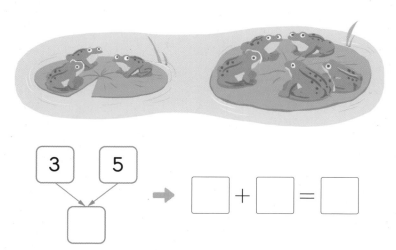

3   5

⬇

[ ]

➡ ☐ + ☐ = ☐

31 알맞은 것끼리 이어 보고 덧셈을 해 보세요.

·

·

3 + 3 = ☐

·

·

2 + 3 = ☐

32 합이 같은 것끼리 이어 보세요.

5 + 1 ·

3 + 4 ·

2 + 7 ·

· 1 + 5

· 7 + 2

· 4 + 3

▶ 수의 순서를 바꾸어 더해도 합은 같아.

㉆ 3 + 2 = 5

2 + 3 = 5

🔗 탄탄북

33 덧셈을 해 보세요.

(1) $1 + 5 = \boxed{}$

(2) $1 + 6 = \boxed{}$

$2 + 4 = \boxed{}$

$2 + 5 = \boxed{}$

$3 + 3 = \boxed{}$

$3 + 4 = \boxed{}$

33➕ 덧셈을 해 보세요.

(1) $1 + 4 + 3 = \boxed{}$

(2) $2 + 1 + 5 = \boxed{}$

34 합이 같은 두 덧셈식을 찾아 ○표 하세요.

$1 + 4$	$3 + 3$	$1 + 6$
$5 + 2$	$2 + 6$	$4 + 5$

😊 내가 만드는 문제

35 보기 에서 두 수를 골라 모으기하고 덧셈식을 써 보세요.

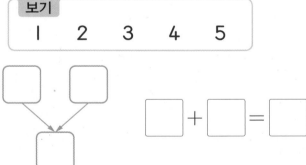

보기

$1 \quad 2 \quad 3 \quad 4 \quad 5$

$\boxed{} + \boxed{} = \boxed{}$

▶ 더해지는 수가 1씩 커지고, 더하는 수가 1씩 작아지면 합은 같아.

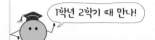 1학년 2학기 때 만나!

세 수의 덧셈

$2 + 3 + 2 = 7$
$2 + 3 \quad = 5$

$5 + 2 = 7$

앞의 두 수를 먼저 더한 다음 나머지 한 수를 더합니다.

3

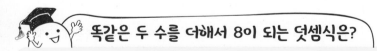 똑같은 두 수를 더해서 8이 되는 덧셈식은?

8	1	2	3	4	5	6	7
	7	6	5	4	3	2	1

+1 / −1

한쪽은 1만큼 커지게, 다른 쪽은 1만큼 작아지게 하면 빠뜨리지 않고 찾을 수 있어.

똑같은 두 수를 더해서 8이 되는 덧셈식은 $\boxed{} + \boxed{} = 8$ 입니다.

7 빼는 상황은 ─를 사용해.

● 뺄셈식을 쓰고 읽기

주차장에 자동차가 **6**대 있었는데 **2**대가

나가서 **4**대가 되었습니다.

┌ 빼기는 ─로, 같다는 ＝로 나타냅니다.

쓰기 **6 ─ 2 ＝ 4**

읽기 6 빼기 2는 4와 같습니다.
6과 2의 차는 4입니다.

---

1 그림을 보고 관계있는 것끼리 이어 보세요.

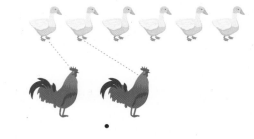

·

·   ·   ·

$5 - 1 = 4$ $6 - 2 = 4$ $6 - 3 = 3$

---

2 그림을 보고 뺄셈식을 쓰고 읽어 보세요.   ← 원래 있던 나비의 수에서 날아간 나비의 수를 빼.

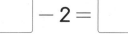

쓰기 □ ─ 2 ＝ □

읽기 □ 빼기 2는 □ 와/과 같습니다.

□ 와/과 □ 의 차는 □ 입니다.

정답과 풀이 14쪽

8 뺄셈은 지우거나 하나씩 연결하여 계산할 수 있어.

• 야구공과 글러브 수의 차 알아보기

 → $5 - 2 = \boxed{3}$

5개에서 **2**개를 지우면 **3**개가 남습니다.

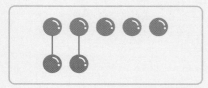

5와 **2**의 차는 **3**입니다.

손가락, 연결 모형, 수판 등 다양한 방법으로 뺄셈을 할 수 있어.

---

1 알맞게 ○를 /로 지우고 뺄셈을 해 보세요.

(1)

○ ○ ○ ○ ○ ∅

$6 - 3 = \boxed{}$

(2)

○ ○ ○ ○

$4 - 2 = \boxed{}$

2 하나씩 연결하여 뺄셈을 해 보세요.

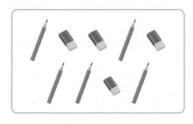

연필: ● ● ● ● ●
지우개: ● ● ● ●

하나씩 연결하면 ●가 남으므로 4가 3보다 커.
➡ 뺄셈을 할 때에는 큰 수에서 작은 수를 빼.

$5 - 4 = \boxed{}$

9 뺄셈식을 계산할 수 있어.

• 남은 자전거의 수 알아보기

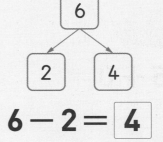

$6 - 2 = \boxed{4}$

6은 2와 4로 가르기할 수 있습니다.

6 빼기 2는 4와 같습니다.

처음 자전거의 수를 타고 나간 자전거와
남은 자전거의 수로 가르기를 하면 돼.

1 그림을 보고 가르기한 후 뺄셈을 해 보세요.

(1)

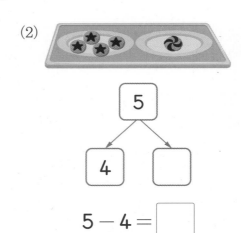

```
      5
     / \
    2   □
```

$5 - 2 = \boxed{}$

(2)

```
      5
     / \
    4   □
```

$5 - 4 = \boxed{}$

2 뺄셈을 해 보세요.   여러 가지 방법 중 한 가지 방법을 선택해서 뺄셈을 해 봐.

(1) $3 - 2 = \boxed{}$

(2) $8 - 3 = \boxed{}$

(3) $9 - 1 = \boxed{}$

(4) $7 - 5 = \boxed{}$

10 0을 더하거나 빼도 결과는 달라지지 않아.

• (어떤 수) + 0

$$5 + 0 = 5$$

어떤 수에 0을 더하면 결과는 달라지지 않습니다.

• (어떤 수) − 0

$$5 - 0 = 5$$

어떤 수에서 0을 빼면 결과는 달라지지 않습니다.

• 0 + (어떤 수)

$$0 + 5 = 5$$

0에 어떤 수를 더하면 어떤 수가 됩니다.

• (어떤 수) − (어떤 수)

$$5 - 5 = 0$$

어떤 수에서 전체를 빼면 0이 됩니다.

접시에 아무것도 없으니까 0이야.

1 그림을 보고 덧셈을 해 보세요.

(1)

$$3 + \boxed{} = \boxed{}$$

(2)

0은 아무것도 없는 것을 나타내.

$$\boxed{} + 2 = \boxed{}$$

2 그림을 보고 뺄셈을 해 보세요.

(1)

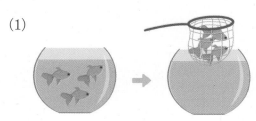

$$3 - \boxed{} = \boxed{}$$

(2)

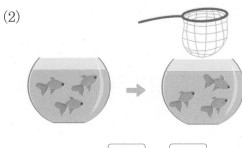

$$3 - \boxed{} = \boxed{}$$

11 덧셈을 하면 수가 커지고 뺄셈을 하면 수가 작아져.

$$4 + 1 = 5$$
$$4 + 2 = 6$$
$$4 + 3 = 7$$
$$4 + 4 = 8$$
$$4 + 5 = 9$$

같은 수에 1씩 커지는 수를 더하면
결과도 1씩 커집니다.

$$6 - 1 = 5$$
$$6 - 2 = 4$$
$$6 - 3 = 3$$
$$6 - 4 = 2$$
$$6 - 5 = 1$$

같은 수에서 1씩 커지는 수를 빼면
결과는 1씩 작아집니다.

1 덧셈과 뺄셈을 해 보세요.

(1) $5 + 1 = \boxed{}$

$5 + 2 = \boxed{}$

$5 + 3 = \boxed{}$

$5 + 4 = \boxed{}$

(2) $5 - 1 = \boxed{}$

$5 - 2 = \boxed{}$

$5 - 3 = \boxed{}$

$5 - 4 = \boxed{}$

2 수직선을 보고 ○ 안에 ＋, － 를 알맞게 써넣으세요.

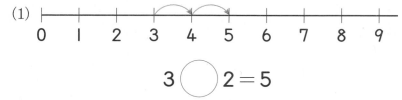

(1)

$$3 \bigcirc 2 = 5$$

계산 결과가 커졌으면 ＋,
작아졌으면 － 야.

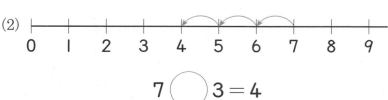

(2)

$$7 \bigcirc 3 = 4$$

3 합이 **7**이 되는 식을 모두 찾아 색칠해 보세요.

| $1+6$ | $2+4$ | $3+5$ | $0+7$ |

| $5+2$ | $3+2$ | $4+3$ | $4+4$ |

4 계산하여 합과 차가 같은 것끼리 이어 보세요.

$5+3=\boxed{}$ •

$9-5=\boxed{}$ •

$6-3=\boxed{}$ •

$9-0=\boxed{}$ •

• $2+2=\boxed{}$

• $5+4=\boxed{}$

• $9-1=\boxed{}$

• $2+1=\boxed{}$

5 차가 **5**인 식을 모두 찾아 ○표 하세요.

| $9-1$ | $5-4$ | $9-3$ | $5-0$ |
| $8-3$ | $9-2$ | $7-2$ | $6-1$ |

6 3장의 수 카드 $\boxed{1}$, $\boxed{4}$, $\boxed{5}$ 를 한 번씩만 사용하여 뺄셈식을 만들어 보세요.

$\boxed{}-\boxed{}=\boxed{}$ ⟵ 5는 1과 4로 가르기할 수 있어.

7 뺄셈식을 쓰고 읽기

1 그림을 보고 □ 안에 알맞은 수를 써넣으세요.

(1)

8 − 4 = □

8 빼기 4는 □ 와/과 같습니다.

3 − 2 = 1
➡ 3 빼기 2는 1과 같습니다.

(2)

5 − 4 = □

5와 4의 차는 □ 입니다.

3 − 2 = 1
➡ 3과 2의 차는 1입니다.

2 □ 안에 알맞은 수를 써넣으세요.

(1) 6 빼기 1은 5와 같습니다. ➡ □ − □ = □

(2) 9와 6의 차는 3입니다. ➡ □ − □ = □

[3~4] 그림을 보고 뺄셈식을 쓰고 읽어 보세요.

3

쓰기 ....

읽기 ....

▶ 뺄셈 기호는 − 이고, 양쪽이 같음을 나타내는 기호는 = 야.

8 − 3 = 5

8과 3의 차는 5와 같음을 나타내.

4

쓰기 ....

읽기 ....

1학년 2학기 때 만나!

4➕ 그림을 보고 알맞은 뺄셈식을 써 보세요.

10 − □ = □

10에서 빼기

10 − 1 = 9
10 − 2 = 8
10 − 3 = 7
10 − 4 = 6
10 − 5 = 5

5 그림을 보고 뺄셈식을 써 보세요.

(1)

$4 - \boxed{} = \boxed{}$

(2)

$6 - \boxed{} = \boxed{}$

🔗 탄탄북

6 ⚫ 모양은 ⬛ 모양보다 몇 개 더 많은지 뺄셈식을 쓰고 ☐ 안에 알맞은 수를 써넣으세요.

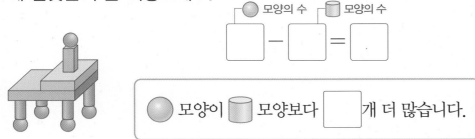

⚫ 모양의 수   ⬛ 모양의 수

$\boxed{} - \boxed{} = \boxed{}$

⚫ 모양이 ⬛ 모양보다 $\boxed{}$ 개 더 많습니다.

▶ 각 모양에 V표나 /표 등을 하여 빠뜨리거나 두 번 세지 않도록 주의해.

😊 내가 만드는 문제

7 **1**부터 **9**까지의 수 중에서 **2**개를 골라 ☐ 안에 하나씩 써넣어 뺄셈식을 쓰고 읽어 보세요. (단, 큰 수에서 작은 수를 뺍니다.)

$\boxed{} - \boxed{} = \boxed{}$ 읽기 ....

왜 큰 수에서 작은 수를 빼야 할까?

$6 - 5$

$6 - 5 = \boxed{}$

$5 - 6$

○를 하나 더 지워야 하는데 ○가 모자라.

▶ 연결 모형으로 뺄셈을 해 봐.

[8~9] 그림을 보고 뺄셈을 해 보세요.

8

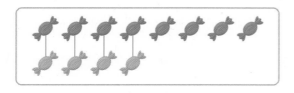

$5 - \boxed{} = \boxed{}$

9

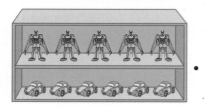

$\boxed{} - \boxed{} = \boxed{}$

1학년 2학기 때 만나!

9➕ 그림을 보고 뺄셈을 해 보세요.

$10 - 3 = \boxed{}$

10에서 빼기

9보다 1만큼 더 큰 수는 10 입니다.
○를 / 로 지우면서 10에서 빼기를 합니다.

$10 - 5 = 5$

10 알맞은 것끼리 이어 보세요.

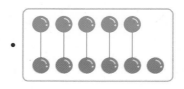

11 먹은 수박 조각의 수만큼 ○를 / 로 지워 남은 수박 조각은 몇 개인지 뺄셈식을 쓰고 답을 구해 보세요.

○○○○○○○

식 ....   답 ....

12 접시가 컵보다 몇 개 더 많은지 구하려고 합니다. ○를 그리고
하나씩 연결하여 뺄셈식을 써 보세요.

접시: ○ ○ ○ ○ ○ ○ ○ ○

컵: ○ ○ ○ ○ ○ ○ ○

☐ − ☐ = ☐

☺ **내가 만드는 문제**

13 먹고 싶은 솜사탕의 수만큼 /로 지우고 뺄셈식을 써 보세요.

▶ /로 지우고 남은 솜사탕의 수를 세어 봐.

식 _____

 어떤 상황에서 −를 사용하여 나타낼까?

• 덜어 내고 남은 양을 알아보는 상황일 때

5 − 2 = ☐

• 비교하여 수의 차이를 알아보는 상황일 때

5 − 2 = ☐

14 바나나가 9개 있습니다. 바나나를 4개 먹는다면 남는 바나나는 몇 개인지 가르기를 하고 뺄셈식을 써 보세요.

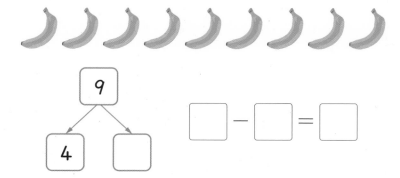

9

4 ☐

☐ − ☐ = ☐

15 알맞은 것끼리 이어 보고 뺄셈을 해 보세요.

5 − 1 = ☐

6 − 4 = ☐

16 두 공을 골라 ○표 하고 어느 공이 얼마나 더 많은지 뺄셈식을 써 보세요.

▶ 두 공을 고른 다음 많은 공의 수에서 적은 공의 수를 빼도록 해.

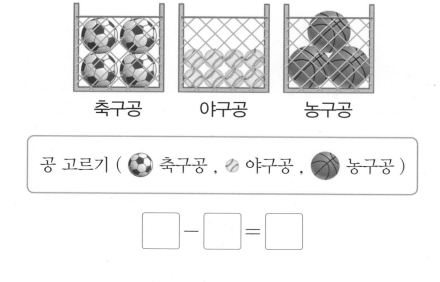

축구공　　　야구공　　　농구공

공 고르기 (⚽ 축구공 , ⚾ 야구공 , 🏀 농구공)

☐ − ☐ = ☐

17 뺄셈을 해 보세요.

(1) $7 - 2 = \boxed{}$

$8 - 3 = \boxed{}$

$9 - 4 = \boxed{}$

(2) $9 - 6 = \boxed{}$

$8 - 5 = \boxed{}$

$7 - 4 = \boxed{}$

▶ 빼어지는 수가 1씩 커지고, 빼는 수도 1씩 커지면 차는 같아.

17➕ 뺄셈을 해 보세요.

(1) $9 - 1 - 6 = \boxed{}$

(2) $8 - 2 - 4 = \boxed{}$

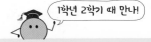
1학년 2학기 때 만나!

세 수의 뺄셈

$$7 - 2 - 1 = 4$$
$$7 - 2 \qquad = 5$$
$$5 - 1 = 4$$

두 수를 빼고 남은 수에서 또 뺍니다.

18 차가 4가 되는 뺄셈식을 써 보세요.

$$\boxed{} - \boxed{} = 4 \qquad \boxed{} - \boxed{} = 4$$

 내가 만드는 문제
19 2부터 9까지의 수 중 한 수를 골라 가르기하고 뺄셈식을 써 보세요.

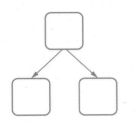

$$\boxed{} - \boxed{} = \boxed{}$$

▶ 가르기한 수로 뺄셈식을 만들어 봐.

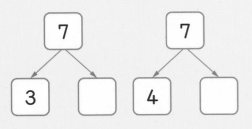 하나의 가르기로 뺄셈식 몇 개를 만들 수 있을까?

7은 3과 4로 가르기할 수 있습니다.
만들 수 있는 뺄셈식은

$7 - \boxed{} = \boxed{}$, $7 - \boxed{} = \boxed{}$ 입니다.

2개의 뺄셈식을 만들 수 있어.

20 안에 알맞은 수를 써넣으세요.

(1) $2 + 2 = \boxed{}$

$\quad\;\; 2 + 1 = \boxed{}$

$\quad\;\; 2 + 0 = \boxed{}$

(2) $4 - 2 = \boxed{}$

$\quad\;\; 4 - 1 = \boxed{}$

$\quad\;\; 4 - 0 = \boxed{}$

▶ 더하는 수가 1씩 작아지면 합도 1씩 작아지고, 빼는 수가 1씩 작아지면 차는 1씩 커져.

21 그림을 보고 덧셈식을 써 보세요.

(1)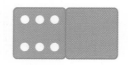

$\boxed{} + \boxed{} = \boxed{}$

(2)

$\boxed{} + \boxed{} = \boxed{}$

22 수 카드를 골라 덧셈식과 뺄셈식을 써 보세요.

| 1 | 2 | 3 | 4 | 5 | 1 | 2 | 3 | 4 | 5 |

덧셈식 $\boxed{} + \boxed{0} = \boxed{}$

| 6 | 7 | 8 | 9 | 6 | 7 | 8 | 9 |

뺄셈식 $\boxed{} - \boxed{0} = \boxed{}$

▶ (어떤 수) + 0 = (어떤 수)
0 + (어떤 수) = (어떤 수)
(어떤 수) − 0 = (어떤 수)
(어떤 수) − (어떤 수) = 0

🔗 탄탄북

23 ＝의 왼쪽과 오른쪽의 계산 결과가 같게 되도록 안에 알맞은 수를 써넣으세요.

$$0 + 0 = 8 - \boxed{}$$

24 왼쪽 놀이터와 오른쪽 놀이터에서 놀고 있는 어린이는 모두 몇 명인지 구하는 덧셈식을 쓰고 답을 구해 보세요.

▶ 왼쪽 놀이터에 있는 어린이 수와 오른쪽 놀이터에 있는 어린이 수를 세어 봐.

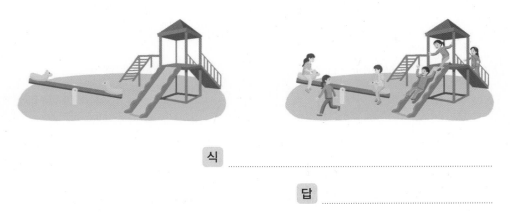

식 ....

답 ....

😊 내가 만드는 문제

25 동그란 접시에는 아무것도 없습니다. 네모난 접시에 먹고 싶은 사탕의 수만큼 사탕 붙임딱지를 붙이고 전체 사탕의 수를 구하는 덧셈식을 써 보세요.

붙임딱지

▶ 답은 여러 가지가 될 수 있어.

3

$$\boxed{} + \boxed{} = \boxed{}$$

 9는 9와 0으로 가르기할 수 있을까?

똑같아요.

9+0=9, 0+9=9니까 9는 9와 0으로 가르기할 수 있어.

➡ 9는 9와 0으로 가르기할 수 (있습니다 , 없습니다).

26 ○ 안에 ＋, － 를 알맞게 써넣으세요.

(1) 6 ◯ 4 = 2   (2) 1 ◯ 3 = 4

(3) 2 ◯ 7 = 9   (4) 8 ◯ 8 = 0

26⊕ ○ 안에 ＋, － 를 알맞게 써넣으세요.

(1) 10 ◯ 20 = 30   (2) 40 ◯ 10 = 30

1학년 2학기 때 만나!

(몇십)+(몇십), (몇십)-(몇십)

20 + 30 = 50
50 - 30 = 20

27 조건에 맞게 붙임딱지를 붙여 보세요.

 (1) 주어진 ●보다 **3**개 더 많게 ● 붙이기

● ●	● ● ●

(2) 주어진 ▲보다 **2**개 더 적게 ▲ 붙이기

▲ ▲ ▲ ▲	▲ ▲ ▲ ▲ ▲ ▲

28 계산 결과가 가장 큰 것에 ○표 하세요.

9 − 3	5 ＋ 2	8 − 0

29 계산 결과가 **5**가 되도록 □ 안에 알맞은 수를 써넣으세요.

1 + ☐ = 5   ☐ + 3 = 5   6 − ☐ = 5

▶ 5를 여러 가지 방법으로 가르기해 봐.

◯◯ ◯◯◯◯ (1과 4)
◯◯◯ ◯◯◯ (2와 3)

30 윤아의 나이는 **5**살이고 언니의 나이는 윤아보다 **3**살 더 많습니다. 언니의 나이는 몇 살인지 덧셈식을 쓰고 답을 구해 보세요.

▶ 답을 쓸 때에는 잊지 말고 단위도 써야 해.

식 _____

답 _____

31 유진이는 색연필 **8**자루를 가지고 있었는데 **4**자루를 민주에게 주었습니다. 유진이에게 남은 색연필은 몇 자루인지 뺄셈식을 쓰고 답을 구해 보세요.

식 _____

답 _____

😊 내가 만드는 문제

32 먹고 싶은 도넛의 수만큼 /로 지우고 뺄셈 문제를 만들어 보세요.

문제 나는 도넛 **9**개 중에서 _____

_____

식 $9 - \boxed{} = \boxed{}$ 답 _____

🎓 **+, − 중 ☐ 안에 알맞은 기호는?**

・처음보다 늘어난 경우	・처음보다 줄어든 경우

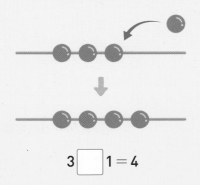

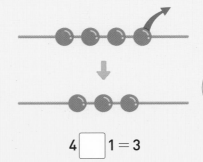

=는 양쪽이 같음을 나타내는 기호이므로 +나 −를 넣어 양쪽이 같게 되는지 확인해!

3 ☐ 1 = 4   4 ☐ 1 = 3

1 더 큰 수 찾기

㉠과 ㉡에 알맞은 수 중 더 큰 수의 기호를 써 보세요.

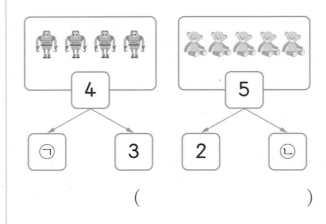

( )

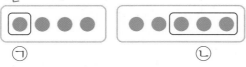

가르기하여 ㉠과 ㉡에 알맞은 수를 구한 후 두 수의 크기를 비교해.

2 수를 여러 번 모으기와 가르기

빈칸에 알맞은 수를 써넣으세요.

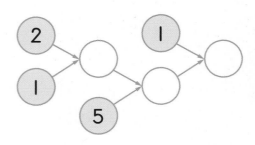

왼쪽에서부터 하나씩 빈칸을 채워 ㉠, ㉡, ㉢에 알맞은 수를 차례로 구해.

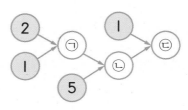

1+ ㉠과 ㉡에 알맞은 수 중 더 큰 수의 기호를 써 보세요.

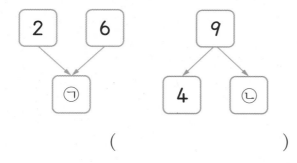

( )

2+ 빈칸에 알맞은 수를 써넣으세요.

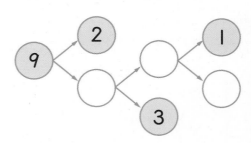

③ 실생활에서 수를 모으기와 가르기

민아는 붙임딱지를 3장 받은 후 5장을 더 받았습니다. 민아가 가지고 있는 붙임딱지는 1장과 몇 장으로 가르기할 수 있는지 구해 보세요.

(   )

먼저 3장과 5장을 모으기한 후 모으기한 수를 1장과 몇 장으로 가르기할 수 있는지 알아봐.

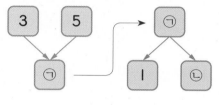

④ 덧셈식에서 □의 값 구하기

만두는 모두 7개입니다. 봉지 안에 들어 있는 만두의 수를 □ 안에 써넣으세요.

$$3 + \boxed{} = 7$$

3과 더하여 7이 되는 수를 찾아봐.
3+□=7에서
□가 1일 때 ⇨ 3+1=4
□가 2일 때 ⇨ 3+2=5
⋮   ⋮

3+ 성준이는 우표를 4장 가지고 있었는데 3장을 더 샀습니다. 성준이가 가지고 있는 우표는 2장과 몇 장으로 가르기할 수 있는지 구해 보세요.

(   )

4+ 사과는 모두 9개입니다. 상자 안에 들어 있는 사과의 수를 □ 안에 써넣으세요.

$$\boxed{} + 4 = 9$$

수 카드 중에서 가장 큰 수와 가장 작은 수의 합을 구해 보세요.

6 1 2 5

(   )

먼저 큰 수부터 차례로 써서 가장 큰 수와 가장 작은 수를 알아봐.

0부터 9까지의 수의 순서는 다음과 같습니다.

0 ─ 1 ─ 2 ─ 3 ─ 4 ─ 5 ─ 6 ─ 7 ─ 8 ─ 9

오른쪽으로 갈수록 더 큰 수입니다.

5+ 수 카드 중에서 가장 큰 수와 가장 작은 수의 합을 구해 보세요.

3 7 2 5

(   )

유진이는 공책 6권을 책꽂이 두 칸에 나누어 꽂으려고 합니다. 유진이가 공책을 나누어 꽂는 방법은 모두 몇 가지일까요? (단, 책꽂이 한 칸에 책을 적어도 1권은 꽂습니다.)

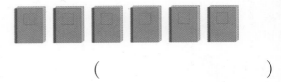

(   )

6을 두 수로 가르기하는 방법이 몇 가지인지 알아봐.

예 3을 두 수로 가르기 (0으로 가르기하는 것은 제외)

3	1	2
	2	1

➡ 2가지

6+ 하윤이는 당근 8개를 두 개의 바구니에 나누어 담으려고 합니다. 하윤이가 당근을 나누어 담는 방법은 모두 몇 가지일까요? (단, 바구니에 당근을 적어도 1개는 담습니다.)

(   )

⑦ 누가 몇 개 더 많은지 구하기

미나는 딸기맛 사탕 **3**개와 포도맛 사탕 **5**개를 가지고 있고, 지훈이는 오렌지맛 사탕 **4**개와 레몬맛 사탕 **2**개를 가지고 있습니다. 사탕을 누가 몇 개 더 많이 가지고 있는지 구해 보세요.

(   ), (   )

미나가 가진 사탕의 수와 지훈이가 가진 사탕의 수를 구한 후 두 수를 비교해.

$$\boxed{\text{큰 수}} - \boxed{\text{작은 수}}$$

두 수를 비교할 때는 큰 수에서 작은 수를 빼야 합니다.

⑧ 덧셈식과 뺄셈식 만들기

4장의 수 카드 $\boxed{2}$, $\boxed{5}$, $\boxed{4}$, $\boxed{3}$ 중에서 3장을 골라 2개의 덧셈식과 2개의 뺄셈식을 써 보세요.

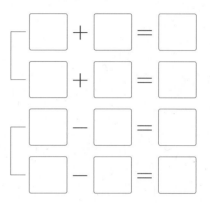

세 수로 덧셈식 2개와 뺄셈식 2개를 만들 수 있어.

덧셈식: 1+2=3, 2+1=3
뺄셈식: 3-1=2, 3-2=1

⑦⁺

이번 주에 진아는 위인전 **1**권과 동화책 **5**권을 읽었고, 민호는 위인전 **3**권과 동화책 **4**권을 읽었습니다. 이번 주에 책을 누가 몇 권 더 많이 읽었는지 구해 보세요.

(   ), (   )

⑧⁺

4장의 수 카드 $\boxed{1}$, $\boxed{3}$, $\boxed{8}$, $\boxed{5}$ 중에서 3장을 골라 2개의 덧셈식과 2개의 뺄셈식을 써 보세요.

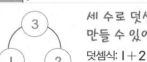

3

9 나누어 가진 물건의 수 구하기

수영이는 구슬 **5**개를 동생과 나누어 가 졌습니다. 수영이가 동생보다 구슬을 **1** 개 더 많이 가졌다면 수영이가 가진 구 슬은 몇 개일까요?

(   )

5를 두 수로 가르기한 후 두 수의 차가 **1**인 경우를 찾 아봐.

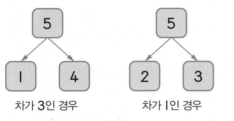

차가 **3**인 경우   차가 **1**인 경우

9+ 나희는 사탕 **7**개를 사서 동생과 나누어 먹었습니다. 나희가 동생보다 **1**개 더 많이 먹었다면 나희가 먹은 사탕은 몇 개일까요?

(   )

10 합과 차가 가장 큰 식 만들기

4장의 수 카드 중에서 **2**장을 골라 두 수의 합을 구하려고 합니다. 합이 가장 큰 덧셈식을 만들어 보세요.

4 3 5 0

식 ....

먼저 수 카드의 수의 크기를 비교해 봐.

10+ **4**장의 수 카드 중에서 **2**장을 골라 두 수의 차를 구하려고 합니다. 차가 가장 큰 뺄셈식을 만들어 보세요.

9 3 2 7

식 ....

단원 평가

점수	확인

1 가르기를 해 보세요.

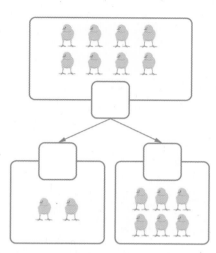

2 모으기를 해 보세요.

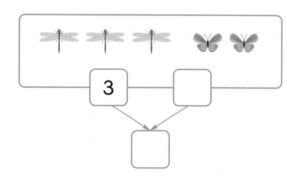

3 모으기와 가르기해 보세요.

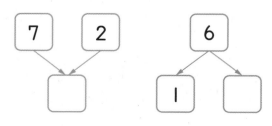

4 두 수로 가르기한 것 중 잘못된 것을 찾아 기호를 써 보세요.

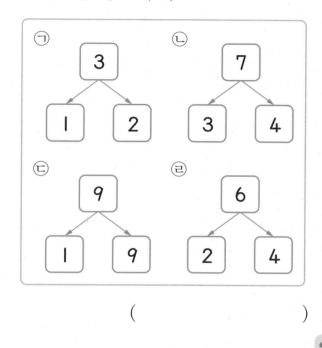

(   )

5 모자는 모두 몇 개인지 구하는 덧셈식을 쓰고 읽어 보세요.

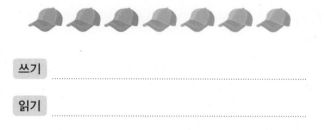

쓰기 ....

읽기 ....

6 줄에 매달려 있는 별의 수를 구하는 뺄셈식을 써 보세요.

$$\boxed{} - \boxed{} = \boxed{}$$

단원 평가

7 점의 수의 합을 구하는 덧셈식을 써 보세요.

$$\boxed{} + \boxed{} = \boxed{}$$

8 두 수로 가르기하고 **뺄셈식**을 써 보세요.

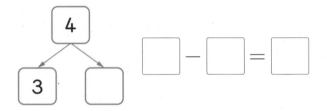

$$\boxed{} - \boxed{} = \boxed{}$$

9 두 꽃병에 꽂혀 있는 꽃은 모두 몇 송이인지 구하는 덧셈식을 써 보세요.

$$\boxed{} + \boxed{} = \boxed{}$$

10 덧셈과 뺄셈을 해 보세요.

(1) $1 + 8 = \boxed{}$

(2) $0 + 9 = \boxed{}$

(3) $6 - 5 = \boxed{}$

(4) $0 - 0 = \boxed{}$

11 두 수의 합과 차를 구해 보세요.

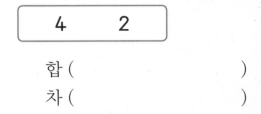

합 (   )

차 (   )

12 빈칸에 알맞은 수를 써넣으세요.

$$\boxed{3} \xrightarrow{+5} \boxed{} \xrightarrow{-4} \boxed{}$$

13 ○ 안에 $+$, $-$ 를 알맞게 써넣으세요.

(1) $6 \bigcirc 3 = 3$, $6 \bigcirc 3 = 9$

(2) $5 \bigcirc 1 = 4$, $5 \bigcirc 1 = 6$

14 세 수를 모두 이용하여 덧셈식과 **뺄셈식**을 써 보세요.

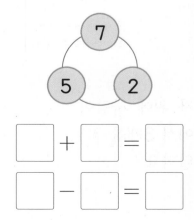

$$\boxed{} + \boxed{} = \boxed{}$$

$$\boxed{} - \boxed{} = \boxed{}$$

15 계산 결과가 큰 것부터 순서대로 ○ 안에 1, 2, 3을 써넣으세요.

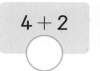　　| 0 + 9 |
○　　○　　○

16 두 수의 합이 7이 되도록 □ 안에 알맞은 수를 써넣으세요.

$$2 + \boxed{} = 7$$

$$\boxed{} + 4 = 7$$

$$1 + \boxed{} = 7$$

$$\boxed{} + 7 = 7$$

17 민호는 6살이고 누나는 민호보다 2살 더 많습니다. 누나는 몇 살일까요?

(　　　　　　　)

18 탁자 위에 사탕이 9개 있었습니다. 그 중에서 3개를 먹었다면 남은 사탕은 몇 개일까요?

(　　　　　　　)

19 ⓒ은 ㉠보다 얼마만큼 더 큰 수인지 풀이 과정을 쓰고 답을 구해 보세요.

㉠ 4보다 2만큼 더 큰 수
ⓒ 4보다 3만큼 더 큰 수

풀이 _____

_____

_____

답 _____

20 소윤이네 모둠에서 안경을 쓴 학생은 4명이고, 안경을 쓰지 않은 학생은 안경을 쓴 학생보다 1명 더 적습니다. 소윤이네 모둠의 학생은 모두 몇 명인지 풀이 과정을 쓰고 답을 구해 보세요.

풀이 _____

_____

_____

답 _____

4 비교하기

나는 짧을까? 길까? 가벼울까? 무거울까? 좁을까? 넓을까? 낮을까? 높을까?

비교하면 구분할 수 있어!

더 짧다   더 길다

더 가볍다   더 무겁다

더 좁다   더 넓다

더 적다   더 많다

1 길이는 한쪽 끝을 맞추고 다른 쪽 끝을 비교해.

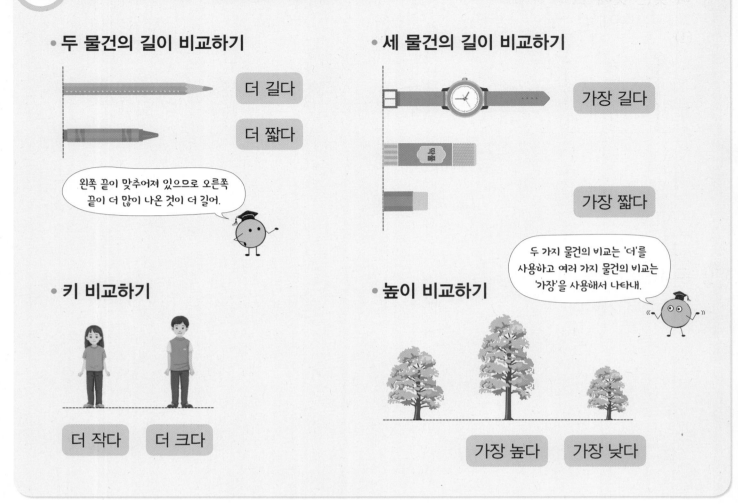

• 두 물건의 길이 비교하기

더 길다

더 짧다

왼쪽 끝이 맞추어져 있으므로 오른쪽 끝이 더 많이 나온 것이 더 길어.

• 세 물건의 길이 비교하기

가장 길다

가장 짧다

두 가지 물건의 비교는 '더'를 사용하고 여러 가지 물건의 비교는 '가장'을 사용해서 나타내.

• 키 비교하기

더 작다   더 크다

• 높이 비교하기

가장 높다   가장 낮다

---

1 더 긴 것에 ○표 하세요.

(1) (   )
(   )

(2) (   )
(   )

한쪽 끝이 맞추어져 있으면 다른 쪽 끝이 더 많이 나온 것이 더 길어.

---

2 연필과 필통의 길이를 비교하여 알맞은 말에 ○표 하세요.

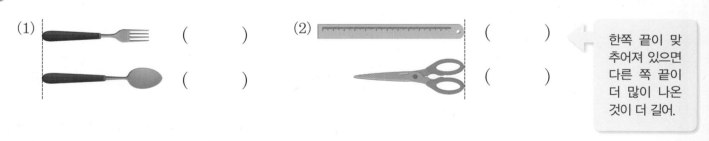

연필은 필통보다 더 (깁니다 , 짧습니다).
연필을 필통에 넣을 수 (있습니다 , 없습니다).

3 더 낮은 것에 △표 하세요.

두 물건의 높이를 비교할 때에는 '더 높다', '더 낮다'로 나타내.

(1)
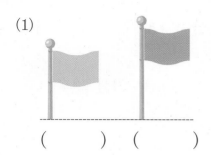

(   ) (   )

(2)
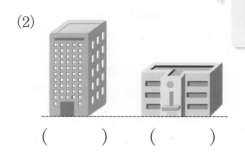

(   ) (   )

4 두 사람의 키를 비교하여 □ 안에 이름을 알맞게 써넣으세요.

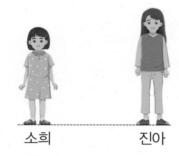

소희   진아

☐는 ☐보다 키가 더 큽니다.

4

5 막대보다 더 짧게 선을 그어 보세요.

6 가장 긴 것에 ○표, 가장 짧은 것에 △표 하세요.

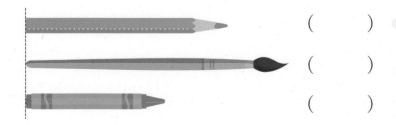

(   )

(   )

(   )

세 물건의 길이를 비교할 때에는 두 물건씩 차례로 비교하거나 세 물건을 동시에 비교해.

2 무게는 손으로 들어 보거나 저울을 이용하여 비교해.

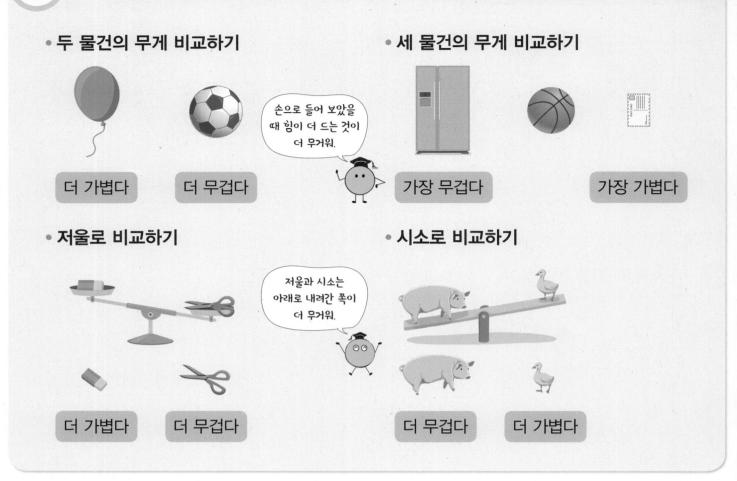

• 두 물건의 무게 비교하기

더 가볍다　　더 무겁다

손으로 들어 보았을 때 힘이 더 드는 것이 더 무거워.

• 세 물건의 무게 비교하기

가장 무겁다　　　가장 가볍다

• 저울로 비교하기

더 가볍다　　더 무겁다

저울과 시소는 아래로 내려간 쪽이 더 무거워.

• 시소로 비교하기

더 무겁다　　더 가볍다

1 더 무거운 것에 ○표 하세요.

(1)

(　　　)　(　　　)

(2)

(　　　)　(　　　)

손으로 들었을 때를 생각해 봐.

2 다음을 보고 알맞은 말에 ○표 하세요.

포도는 귤보다 더 (무겁습니다 , 가볍습니다).

3 더 무거운 사람을 찾아 ○표 하세요.

(1)

(2)

> 시소는 무거운 쪽이 아래로 내려가고 가벼운 쪽이 위로 올라가.

(   ) (   )   (   ) (   )

4 관계있는 것끼리 이어 보세요.

·   ·   ·

·   ·

| 가장 가볍다 | | 가장 무겁다 |

4

5 가벼운 순서대로 1, 2, 3을 써 보세요.

> 구슬이 적게 들어 있을수록 가벼워.

☐   ☐   ☐

6 가장 무거운 동물에 ○표, 가장 가벼운 동물에 △표 하세요.

    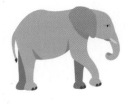

(   )   (   )   (   )

3 넓이는 눈으로 확인하거나 직접 겹쳐 보며 비교해.

• **두 물건의 넓이 비교하기**

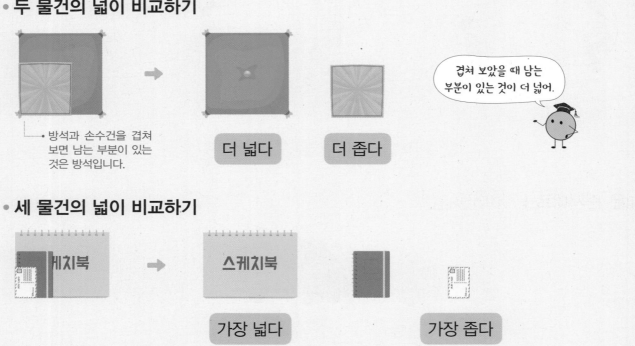

• 방석과 손수건을 겹쳐 보면 남는 부분이 있는 것은 방석입니다.

더 넓다

더 좁다

겹쳐 보았을 때 남는 부분이 있는 것이 더 넓어.

• **세 물건의 넓이 비교하기**

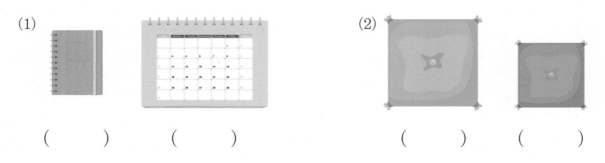

스케치북

가장 넓다

가장 좁다

---

1 더 넓은 것에 ○표 하세요.

(1)

( )　　　( )

(2)

( )　　　( )

---

2 이불 가와 나를 겹쳐 보았습니다. 더 넓은 이불의 기호를 써 보세요.

가　　　나

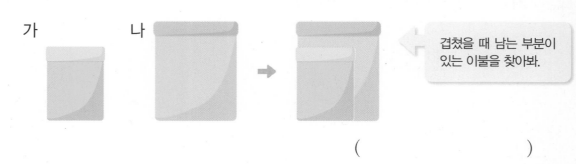

겹쳤을 때 남는 부분이 있는 이불을 찾아봐.

( )

3 더 좁은 것에 색칠해 보세요.

(1)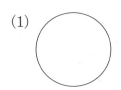

(2)

4 넓은 순서대로 1, 2, 3을 써 보세요.

> □가 몇 칸인지 세어 넓이를 비교해.

5 접시와 피자의 넓이를 비교하여 □ 안에 알맞은 말을 써넣으세요.

☐ 는 ☐ 보다 더 넓으므로

접시에 피자를 담을 수 있습니다.

6 가장 넓은 것에 ○표, 가장 좁은 것에 △표 하세요.

> 세 물건의 넓이를 비교할 때에는 두 물건씩 차례로 비교하거나 세 물건을 동시에 비교해.

( )   ( )   ( )

4 담을 수 있는 양은 그릇의 크기와 높이로 비교해.

- 담을 수 있는 양 비교하기

그릇이 클수록 담을 수 있는 양이 많아.

더 많다   더 적다   가장 많다   가장 적다

- 담겨 있는 양 비교하기

가장 많다   가장 적다   가장 많다   가장 적다

그릇의 모양과 크기가 같을 때에는 물의 높이가 높을수록 담긴 물의 양이 더 많습니다.

물의 높이가 같으면 그릇의 크기가 클수록 담긴 물의 양이 더 많습니다.

---

1 담을 수 있는 양이 더 많은 것에 ○표 하세요.

(1)   (   )   (   )

(2)   (   )   (   )

---

2 담긴 물의 양이 더 많은 것에 ○표 하세요.

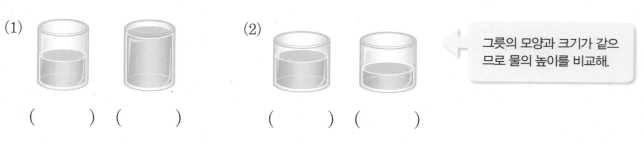

그릇의 모양과 크기가 같으므로 물의 높이를 비교해.

(1)   (   )   (   )   (2)   (   )   (   )

3 알맞은 그릇을 찾아 이어 보세요.

4 우유가 더 적게 담긴 것에 △표 하세요.

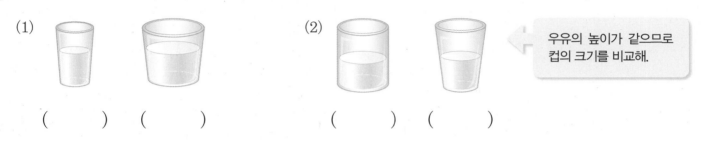

우유의 높이가 같으므로 컵의 크기를 비교해.

(1) (　　　) (　　　) (2) (　　　) (　　　)

5 물이 많이 담긴 순서대로 1, 2, 3을 써 보세요.

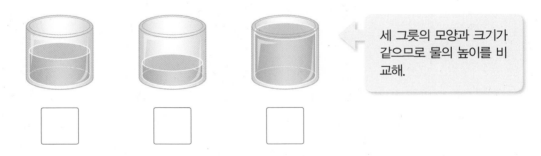

세 그릇의 모양과 크기가 같으므로 물의 높이를 비교해.

6 담을 수 있는 양이 가장 많은 것에 ○표, 가장 적은 것에 △표 하세요.

(　　　) (　　　) (　　　)

1 길이 비교하기

1 선을 따라 그리고 비교하는 말을 찾아 이어 보세요.

▶ 선의 왼쪽 끝이 맞추어져 있으므로 오른쪽 끝을 비교해.

 •

• 더 짧다

• 더 길다

2 양초보다 더 긴 것에 모두 ○표 하세요.

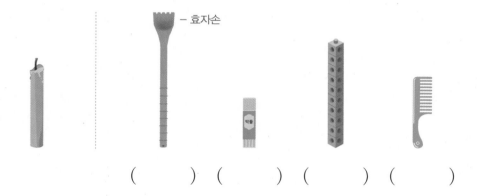
— 효자손

(   ) (   ) (   ) (   )

2➕ 그림을 보고 □ 안에 알맞은 수를 써넣으세요.

자의 길이는 딱풀로 □ 번 잰 것과 같습니다.

2학년 1학기 때 만나!

여러 가지 물건으로 길이 재기

지우개의 길이는 클립으로 2번 잰 것과 같습니다.

3 길이를 잘못 비교한 학생을 찾아 이름을 써 보세요.

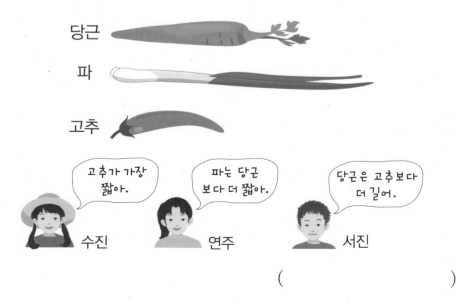

당근

파

고추

고추가 가장 짧아. 수진

파는 당근보다 더 짧아. 연주

당근은 고추보다 더 길어. 서진

(   )

탄탄북

4 은호와 지윤이의 줄넘기 줄입니다. 누구의 줄넘기 줄이 더 길까요?

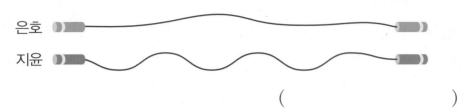

은호

지윤

(   )

▶ 양쪽 끝이 맞추어져 있을 때에는 많이 구부러져 있는 것이 더 길어.

5 키가 가장 큰 사람은 누구일까요?

헤주   민우   지현

(   )

▶ 위쪽 끝이 맞추어져 있을 때에는 아래쪽을 비교해.

☺ 내가 만드는 문제

6 두 색 테이프 사이에 색 테이프를 한 개 더 그려 넣고, 가장 긴 것에 ○표, 가장 짧은 것에 △표 하세요.

(   )
(   )
(   )

 길이를 비교할 때 반드시 한쪽 끝을 맞춰야 할까?

가
나

한쪽 끝을 맞추지 않으면 길이를 정확하게 비교할 수 (없습니다 , 있습니다).

가
나

한쪽 끝을 맞추면 길이를 정확하게 비교할 수 (없습니다 , 있습니다).

➡ 더 긴 것은 □입니다.

2 무게 비교하기

7 더 무거운 것에 ○표 하세요.

(   )

(   )

▶ 종이 받침대 위의 물건이 무거울수록 종이 받침대가 더 많이 무너져.

8 무게를 비교하여 □ 안에 알맞은 말을 써넣으세요.

오렌지   딸기   멜론

오렌지는 □ 보다 더 무겁고 □ 보다 더 가볍습니다.

9 책상보다 더 가벼운 것을 찾아 ○표 하세요.

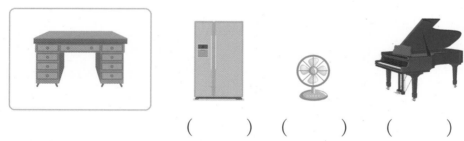

(   ) (   ) (   )

10 똑같은 용수철에 물건을 매달았더니 그림과 같이 용수철이 늘어났습니다. 가장 가벼운 물건은 어느 것일까요?

▶ 무거울수록 용수철이 더 많이 늘어나.

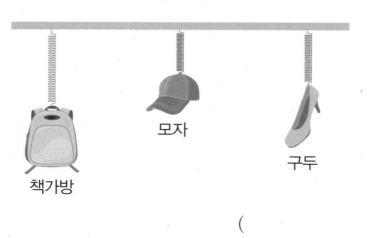

모자

구두

책가방

(   )

🔗 탄탄북

11 각각의 상자 위에서 잠을 잔 동물을 찾아 이어 보세요.

▶ 상자의 찌그러진 정도로 무게를 비교할 수 있어.

 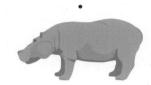

😊 내가 만드는 문제

12 쌓기나무를 저울에 올려놓았더니 그림과 같이 되었습니다. 주어진 쌓기나무 중 하나를 골라 ◯ 안에 기호를 쓰고, ◯에 들어갈 수 있는 쌓기나무를 모두 찾아 기호를 써 보세요.

▶ ◯보다 ◯가 더 무거우므로 ◯에 들어갈 수 있는 쌓기나무의 수는 ◯보다 많아.

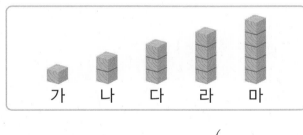

가 나 다 라 마

( )

4

🎓 **크기가 크면 항상 더 무거울까?**

➡ 풍선은 사과보다 크지만 사과보다 더 (가볍습니다 , 무겁습니다).

➡ 벽돌은 농구공보다 작지만 농구공보다 더 (가볍습니다 , 무겁습니다).

크기가 크다고 해서 항상 무거운 것은 아니야.

13 가장 넓은 것에 ○표 하세요.

▶ 부채가 펼쳐진 정도를 비교해.

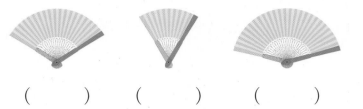

(   )   (   )   (   )

14 농장에 울타리를 치려고 합니다. 동물들이 모두 울타리 안으로 들어올 수 있도록 울타리를 그려 보세요.

▶ 동물이 많을수록 더 넓은 울타리가 필요해.

🔗 탄탄북

15 한 칸의 넓이는 모두 같습니다. 보기 보다 더 넓은 것에 ○표 하세요.

▶ 칸 수를 세어 비교해.

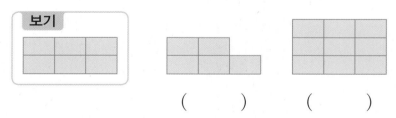

보기

(   )   (   )

16 가장 넓은 곳에 나무 붙임딱지를 붙이고, 가장 좁은 곳에 꽃 붙임딱지를 붙여 보세요.

붙임딱지

17 수를 순서대로 이어 보고, 더 넓은 쪽에 ○표 하세요.

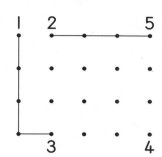

▶ 1부터 5까지 순서대로 이어 봐.

😊 내가 만드는 문제

18 보기 와 같이 ☐ 안에 알맞은 말을 넣어 문장을 만들어 보세요.

색종이   손수건   책   수첩

스케치북   우표   창문

보기
색종이보다 더 넓은 것은 스케치북입니다.

☐ 보다 더 좁은 것은 ☐ 입니다.

🎓 넓이를 비교하는 바른 방법은?

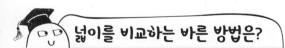
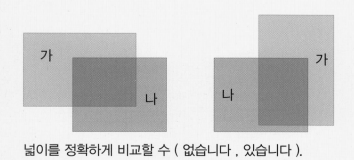

넓이를 정확하게 비교할 수 (없습니다 , 있습니다).

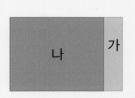

넓은 것 위에 좁은 것을 완전히 겹쳐서 비교해.

넓이를 정확하게 비교할 수 (없습니다 , 있습니다).

➡ 더 넓은 것은 ☐ 입니다.

4 담을 수 있는 양 비교하기

19 물이 가장 많이 담긴 것에 ○표 하세요.

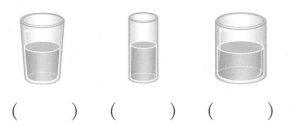

(   )   (   )   (   )

19➕ 들이가 가장 많은 그릇에 ○표 하세요.

(   )   (   )   (   )

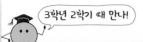 3학년 2학기 때 만나!

들이 비교하기

들이는 그릇의 안쪽 공간의 크기를 말하고 '들이가 많다', '들이가 적다'로 표현합니다.

➡ 주전자의 들이가 더 많습니다.

20 보기 의 컵에 담긴 물을 모두 옮겨 담으려고 합니다. 가와 나 중 어느 컵에 담을 수 있을까요?

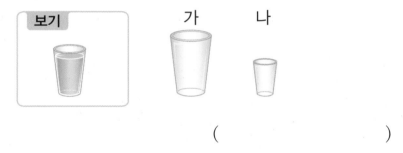

(   )

▶ 남는 물이 없게 모두 담을 수 있어야 해.

21 그림을 보고 □ 안에 알맞은 기호를 써넣으세요.

▶ 그릇의 모양과 크기가 같을 때에는 물의 높이를 비교해.

가의 물의 양은 □ 의 물의 양보다 더 많고 □ 의 물의 양보다 더 적습니다.

22 윤미, 선우, 민지는 똑같은 컵에 주스를 가득 담아 각각 마셨습니다. 남은 주스가 다음과 같을 때 주스를 가장 적게 마신 사람은 누구일까요?

윤미　　　선우　　　민지

(　　　　　　　)

▶ 주스를 많이 마실수록 컵에 남은 주스는 적어.

내가 만드는 문제

23 담을 수 있는 양이 적은 것부터 차례로 붙임딱지를 붙이려고 합니다. 빈칸에 알맞은 붙임딱지를 자유롭게 붙여 보세요.

붙임딱지

▶ 컵보다 많이, 생수통보다 적게 담을 수 있는 것을 찾아봐!

적다.　　　　　　　　　　　　　　많다.

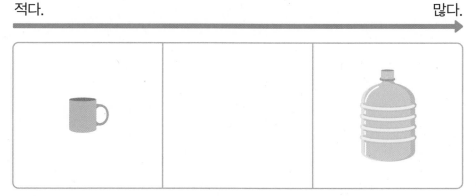

그릇이 크면 담긴 물의 양이 더 많을까?

가　　나　　　　　　가　　나

담긴 물의 양이 더 많은 것은 [　]입니다.　담긴 물의 양이 더 많은 것은 [　]입니다.

➡ 담긴 물의 양을 비교할 때에는 그릇의 크기뿐 아니라 물의 높이도 비교해야 합니다.

그릇의 크기와 물의 높이를 같이 비교해.

1 길이 비교하기

가장 짧은 것을 찾아 기호를 써 보세요.

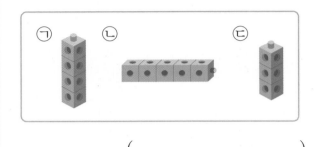

( )

연결 모형을 세우거나 눕혀서 길이를 비교해.

같은 길이입니다.

1+ 가장 긴 것을 찾아 기호를 써 보세요.

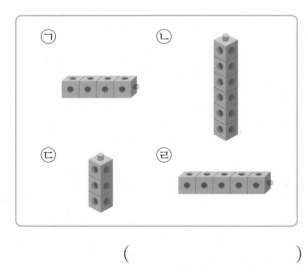

( )

2 터널을 통과할 수 있는 트럭 찾기

터널을 통과할 수 있는 트럭을 찾아 기호를 써 보세요.

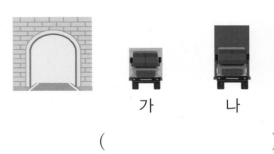

( )

터널의 높이보다 높으면 터널을 통과할 수 없어.

2+ 터널을 통과할 수 있는 트럭을 모두 찾아 기호를 써 보세요.

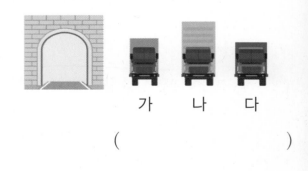

( )

③ 담을 수 있는 양 비교하기

그릇 가에 물을 가득 담아 비어 있는 그 릇 나에 부었더니 그림과 같았습니다. 담을 수 있는 양이 더 많은 그릇은 어느 것일까요?

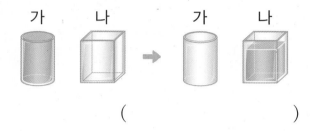

( )

가득 담은 ㉮를 비어 있는 ㉯에 부어 높이를 확인해.

㉯에 물이 가득 차지 않으면
➡ ㉯에 더 많이 담을 수 있습니다.

㉯에 물이 넘치면
➡ ㉮에 더 많이 담을 수 있습니다.

④ 넓이 비교하기

한 칸의 넓이는 모두 같습니다. ㉮, ㉯, ㉰ 중에서 가장 넓은 것은 어느 것일까요?

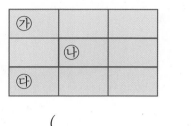

( )

한 칸의 넓이가 모두 같으므로 각각 칸 수를 세어 넓이를 비교해.

☐ ➡ 1칸   ☐☐ ➡ 2칸

3+ 컵 가에 물을 가득 담아 비어 있는 컵 나에 부었더니 그림과 같았습니다. 담을 수 있는 양이 더 많은 컵은 어느 것일까요?

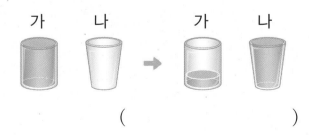

( )

4+ 한 칸의 넓이는 모두 같습니다. 지수네 밭에 그림과 같이 배추, 당근, 호박을 심었을 때, 가장 넓은 곳에 심은 것은 무엇일까요?

배추			호박
	당근		

( )

5 무게 비교하기

은재, 선호, 지민이가 시소를 타고 있습니다. 가장 가벼운 사람은 누구일까요?

은재   선호   지민   선호

(   )

두 번 시소를 탄 선호를 기준으로 몸무게를 비교해.

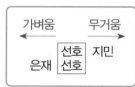

6 키 비교하기

키가 가장 큰 사람은 누구일까요?

유민   건호   승욱

(   )

위쪽이 맞추어져 있으므로 아래쪽을 비교해.

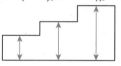

↕의 길이가 **짧을수록** 키가 더 큽니다.

5+ 가장 가벼운 동물은 무엇일까요?

닭   고양이   강아지   닭

(   )

6+ 키가 가장 큰 사람은 누구일까요?

지혜   민희   서윤

(   )

단원 평가

1 더 짧은 것에 △표 하세요.

(　　)

(　　)

2 더 높은 것에 ○표 하세요.

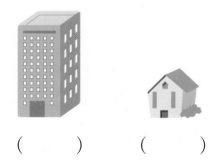

(　　)　　(　　)

▶ 소매는 윗옷에서 두 팔을 넣는 부분입니다.

3 소매가 더 긴 것에 ○표 하세요.

(　　)　　(　　)

4 관계있는 것끼리 이어 보세요.

・　더 가볍다

・　더 무겁다

5 더 넓은 것에 색칠해 보세요.

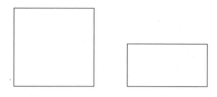

6 물이 더 많이 담긴 것에 ○표 하세요.

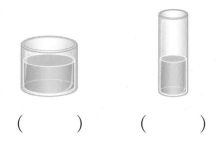

(　　)　　(　　)

7 가장 긴 것에 ○표 하세요.

(　　)

(　　)

(　　)

8 키가 가장 큰 사람에 ○표, 가장 작은 사람에 △표 하세요.

(　　) (　　) (　　)

9 가장 좁은 것에 △표 하세요.

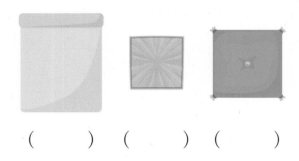

(   ) (   ) (   )

10 담을 수 있는 양이 많은 순서대로 1, 2, 3을 써 보세요.

(   ) (   ) (   )

11 알맞은 말에 ○표 하세요.

(1) 아빠의 바지는 엄마의 치마보다 더
                (깁니다 , 짧습니다).

(2) 사과는 수박보다 더
                (무겁습니다 , 가볍습니다).

12 붓보다 더 짧은 물건은 모두 몇 개일까요?

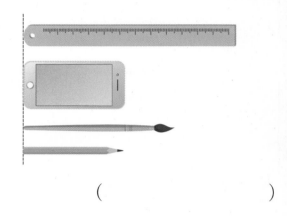

(   )

13 보기 보다 더 넓은 것에 ○표 하세요.

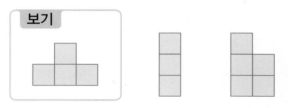

14 몸무게가 가장 무거운 사람은 누구일까요?

- 윤아는 지선이보다 더 가볍습니다.
- 민수는 지선이보다 더 무겁습니다.

(   )

15 (   ) 안에 가벼운 공부터 순서대로 써넣으세요.

축구공은 야구공보다 더 무겁고 볼링 공보다 더 가볍습니다.

(   ) − (   ) − (   )

16 가장 긴 줄을 찾아 기호를 써 보세요.

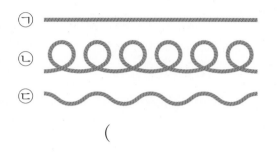

ㄱ
ㄴ
ㄷ

(   )

17 ㉮에 물을 가득 채워 비어 있는 ㉯에 부었더니 그림과 같이 되었습니다. 더 많은 양의 물을 담을 수 있는 것은 어느 것일까요?

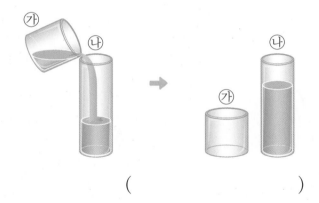

(   )

18 키가 가장 큰 사람은 누구일까요?

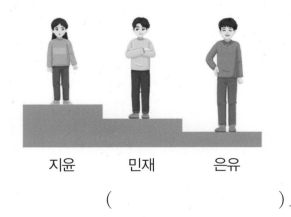

지윤   민재   은유

(   ).

19 주하의 방은 민주의 방보다 더 넓고 철우의 방보다 더 좁습니다. 누구의 방이 가장 넓은지 풀이 과정을 쓰고 답을 구해 보세요.

풀이

답

20 동근이는 학교에서 집까지 가려고 합니다. ㉮와 ㉯ 중에서 어느 길이 더 가까운지 풀이 과정을 쓰고 답을 구해 보세요.

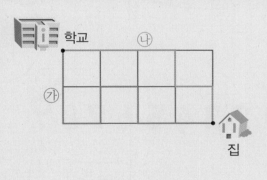

학교   ㉯
㉮
집

풀이

답

4

5 50까지의 수

9 다음의 수는 뭐지?

수는 10개가 모이면 한 자리 앞으로 간다!

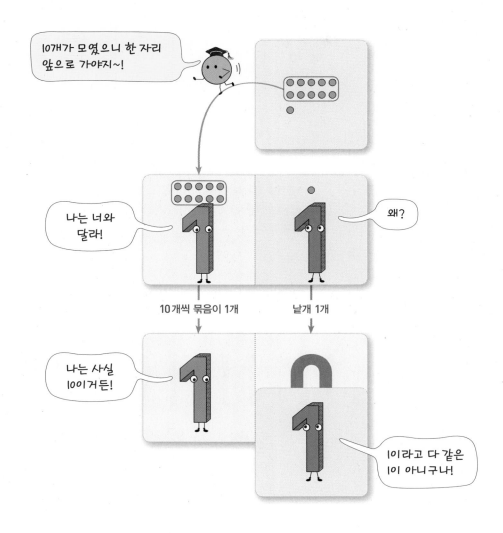

나는 너와 달라!

왜?

10개씩 묶음이 1개

낱개 1개

나는 사실 10이거든!

1이라고 다 같은 1이 아니구나!

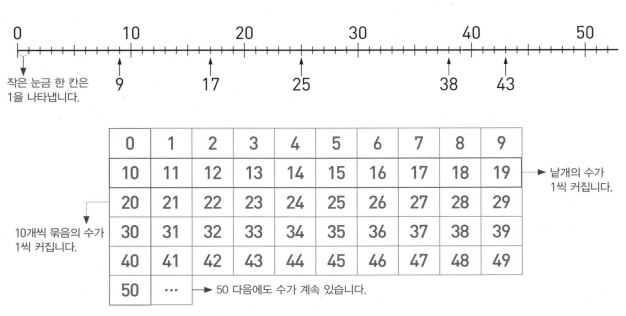

작은 눈금 한 칸은 1을 나타냅니다.

0	1	2	3	4	5	6	7	8	9
10	11	12	13	14	15	16	17	18	19
20	21	22	23	24	25	26	27	28	29
30	31	32	33	34	35	36	37	38	39
40	41	42	43	44	45	46	47	48	49
50	...								

→ 낱개의 수가 1씩 커집니다.

10개씩 묶음의 수가 1씩 커집니다.

→ 50 다음에도 수가 계속 있습니다.

1 9보다 1만큼 더 큰 수는 10이야.

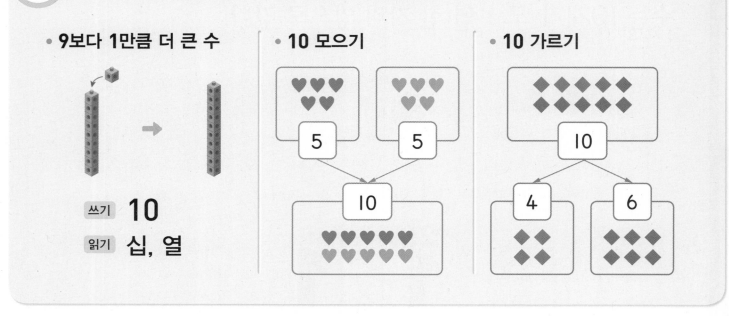

- **9보다 1만큼 더 큰 수**

쓰기 **10**

읽기 **십, 열**

- **10 모으기**

- **10 가르기**

1 색연필의 수를 세어 보고 □ 안에 알맞은 수나 말을 써넣으세요.

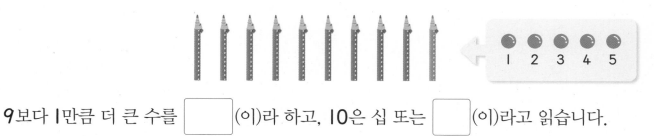

9보다 1만큼 더 큰 수를 □(이)라 하고, 10은 십 또는 □(이)라고 읽습니다.

2 10이 되도록 색칠해 보세요.

3 모으기와 가르기를 해 보세요.

(1)
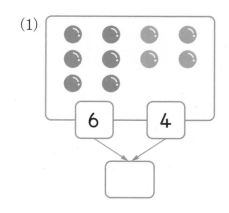

(2)
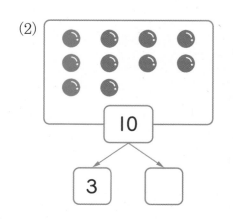

10을 모으기와 가르기하는 방법은 여러 가지야.

② 10개씩 묶음 1개와 낱개로 이루어진 수는 십몇이야.

• **11부터 19까지의 수**

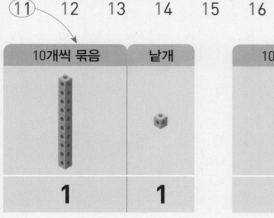

10개씩 묶음	낱개
1	1

쓰기 **11**
읽기 **십일, 열하나**

10개씩 묶음	낱개
1	7

쓰기 **17**
읽기 **십칠, 열일곱**

> 11부터 19까지의 수는
> 10개씩 묶음의 수는
> 1로 모두 같고
> 낱개의 수가 1씩 커져.

1 연결 모형을 보고 ☐ 안에 알맞은 수를 써넣으세요.

(1)

10개씩 묶음 1개와 낱개 4개는

☐ 입니다.

(2)

10개씩 묶음 1개와 낱개 6개는

☐ 입니다.

5

2 주어진 수만큼 색칠해 보세요.

(1)
12

> 10개씩 묶음 1개와 낱개의 수
> 만큼 색칠해 봐.

(2)
19

3 10개씩 묶고 10개씩 묶음의 수와 낱개의 수를 써 보세요.

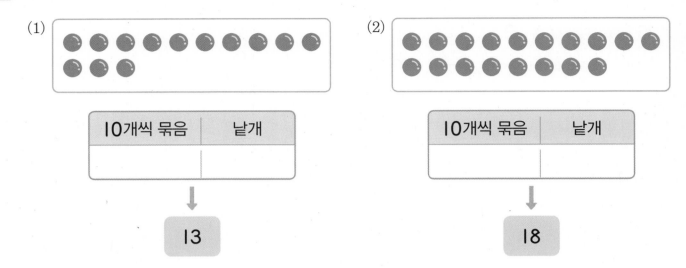

(1)

10개씩 묶음	낱개

↓

13

(2)

10개씩 묶음	낱개

↓

18

4 빈칸에 알맞은 수나 말을 써넣으세요.

	수	읽기	
	11	십일	
	15		열다섯
		십구	열아홉

수	읽기	
1	일	하나
2	이	둘
3	삼	셋
⋮	⋮	⋮

5 ☐ 안에 알맞은 수를 써넣으세요.

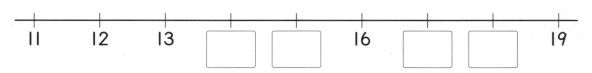

11　12　13　☐　☐　16　☐　☐　19

③ 19까지의 수를 모으기와 가르기해 보자.

• **십몇을 모으기**

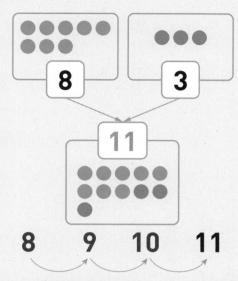

➡ 8부터 3만큼 이어 세면 9, 10, 11이므로 8과 3을 모으기하면 11입니다.

• **십몇을 가르기**

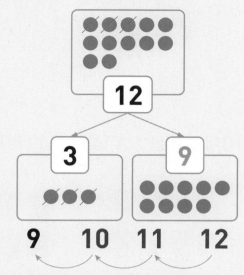

➡ 12부터 3만큼 거꾸로 세면 11, 10, 9 이므로 3과 9로 가르기할 수 있습니다.

---

1 모으기와 가르기를 해 보세요.

(1)

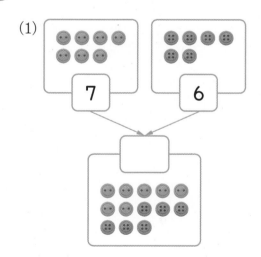

(2)

---

2 모으기와 가르기를 해 보세요.

(1)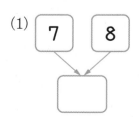

(2)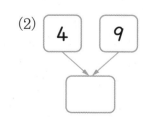

(3)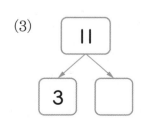

(4)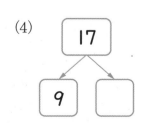

1 10 알아보기

1 딸기의 수만큼 ○를 그리고, 수를 써넣으세요.

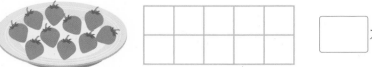

 개

▶ 9보다 1만큼 더 큰 수가 10이야.

2 10개인 것을 모두 찾아 ○표 하세요.

(   )   (   )   (   )

▶ 하나부터 열까지 세어 봐.

3 모으기와 가르기를 해 보세요.

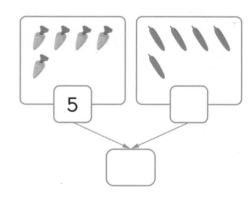

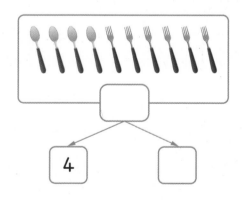

🔗 탄탄북

4 ☐ 안에 알맞은 수를 써넣으세요.

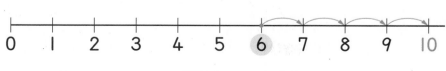

0 1 2 3 4 5 6 7 8 9 10

10은 6보다 ☐ 만큼 더 큰 수입니다.

▶ 수직선에서 수는 오른쪽으로 갈수록 커져.

5 10이 되도록 붙임딱지를 붙이고, ☐ 안에 알맞은 수를 써넣으세요.

8과 ☐ 을/를 모으기하면 10입니다.

6 일기를 보고 10을 바르게 읽은 것에 ○표 하세요.

▶ **10을 알맞게 읽기**
10은 두 가지 방법으로 읽을 수 있어.
· 내 번호는 **십** 번입니다.
· 사탕이 **열** 개 있습니다.

> 제목: 오빠의 생일 　　　　날씨: 맑음
>
> 오늘은 4월 10 (열 , 십)일 오빠의 생일이다. 오빠가 10 (열 , 십)살이 되어서 생일 선물로 게임 카드 10 (열 , 십)장을 줬더니 오빠가 좋아했다. 오빠랑 더 사이좋게 지내야겠다.

☺ 내가 만드는 문제

7 10에 대해 여러 가지 방법으로 설명하려고 합니다. ☐ 안에 알맞은 수를 써넣으세요.

(1) 10은 ☐ 이/가 ☐ 개인 수입니다.

(2) 10은 ☐ 보다 ☐ 만큼 더 큰 수입니다.

🎓 **여러 가지 방법으로 수를 세어 볼까?**

➡ 하나, 둘, 셋, ..., ☐

➡ 일, 이, 삼, ..., ☐

➡ 다섯 하고 여섯, 일곱, ..., ☐

이어 세기를 사용하여 수를 셀 수도 있어!

8 10개씩 묶고 수로 나타내 보세요.

▶ 10개씩 묶음 1개와 낱개 ●개
인 수는 1●야.

9 호박의 수와 관계있는 것에 모두 ○표 하세요.

(18 , 열아홉 , 십칠 , 19)

▶ 11부터 19까지의 수 읽기

수	읽기
11	십일, 열하나
12	십이, 열둘
13	십삼, 열셋
14	십사, 열넷
15	십오, 열다섯
16	십육, 열여섯
17	십칠, 열일곱
18	십팔, 열여덟
19	십구, 열아홉

10 빈칸에 주어진 수보다 1만큼 더 작은 수와 1만큼 더 큰 수를 써 넣으세요.

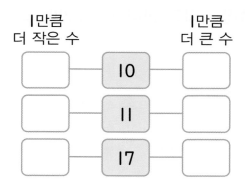

1만큼
더 작은 수   1만큼
더 큰 수

□ — 10 — □

□ — 11 — □

□ — 17 — □

10➕ 빈칸에 알맞은 수를 써넣으세요.

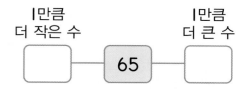

1만큼
더 작은 수   1만큼
더 큰 수

□ — 65 — □

1학년 2학기 때 만나!

**1만큼 더 작은 수와
1만큼 더 큰 수**

61 — 62 — 63

62보다 1만큼 더 작은 수: 61
62보다 1만큼 더 큰 수: 63

11 유리는 색종이를 10장씩 묶음 1개와 낱개 5장을 가지고 있습 니다. 유리가 가지고 있는 색종이는 모두 몇 장일까요?

(   )

12 수를 바르게 읽은 사람의 이름을 써 보세요.

> 태연: 나는 책을 열다섯 권 읽었어.
> 은주: 공원에 오리가 십사 마리 있어.

(   )

▶ 단위를 붙여서 십몇 읽기
 • 열하나 개(×), 열한 개(○)
 • 열둘 개(×), 열두 개(○)
 • 열셋 개(×), 열세 개(○)
 • 열넷 개(×), 열네 개(○)
 • 열다섯 개(○)
 • 열여섯 개(○)
 • 열일곱 개(○)
 • 열여덟 개(○)
 • 열아홉 개(○)

13 그림을 보고 ☐ 안에 알맞은 수를 쓰고, 더 큰 수에 ○표 하세요.

(   )   (   )

▶ 10개씩 묶음이 1개로 같을 때 낱개의 수가 클수록 더 큰 수야.

☺ 내가 만드는 문제

14 달걀이 10개씩 묶음이 1개 있습니다. 빈칸에 원하는 수만큼 낱개 달걀 붙임딱지를 붙이고 ☐ 안에 알맞은 수를 써넣으세요.

붙임딱지

10개씩 묶음 ☐ 개와 낱개 ☐ 개 ➡ ☐ 개

🎓 **십몇을 1부터 9까지의 수와 비교하면?**

몇 ①─②─③─④─⑤─⑥─⑦─⑧─⑨

십몇 ⑪─⑫─○─⑭─⑮─⑯─○─⑱─⑲

몇과 십몇에서 낱개의 수가 1부터 9까지 반복되네.

➡ 십몇은 10개씩 묶음이 항상 1개이고 낱개의 수가 1부터 9까지 1씩 커집니다.

15 모으기와 가르기를 하고, 빈칸에 알맞은 수만큼 ○를 그려 보세요.

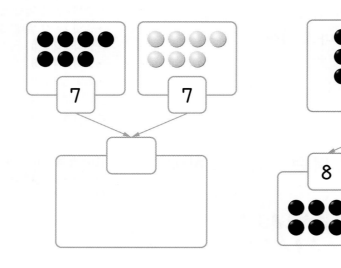

> 7부터 7만큼 이어 세면 8, 9, 10, ...이야.
> 14부터 8만큼 거꾸로 세면 13, 12, 11, ...이야.

16 그림을 보고 가르기한 것입니다. 빈칸에 알맞은 수를 써넣으세요.

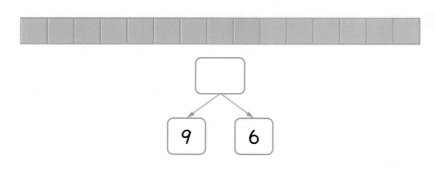

> 색깔별로 칸 수를 세어 봐.
> 가르기한 두 수를 모으기하면 처음의 수가 돼.

🔗 탄탄북

17 모으기를 하여 13이 되는 두 수를 찾아 ○표 하세요.

(1)
6	4	7

(2)
8	5	3

17➕ ☐ 안에 알맞은 수를 써넣으세요.

🎲🎲🎲🎲🎲🎲🎲🎲🎲🎲🎲🎲

$$7 + 5 = \boxed{}$$

💬 1학년 2학기 때 만나!

두 수의 덧셈

○○○○○○○○○○○○
7　　　　8 9 10 11

$$7 + 4 = 11$$

18 그림을 보고 같은 모양으로 가르기를 해 보세요.

 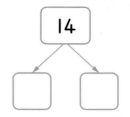

▶ 별 모양과 하트 모양을 각각 세어 봐.

19 사과 I2개를 친구와 나누어 가지려고 합니다. 내가 친구보다 사과를 더 많이 가지도록 사과 붙임딱지를 붙여 보세요.

붙임딱지

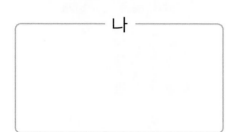 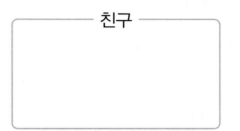

☺ 내가 만드는 문제

20 II부터 I9까지의 수 중에서 한 수를 정하여 ▨ 안에 써넣고, 두 수로 가르기해 보세요. (단, 서로 다른 방법으로 가르기합니다.)

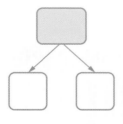 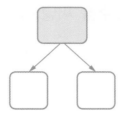

▶ 가르기하는 데 여러 가지 방법이 있어.

5

 II과 13 중 가르기하는 방법이 더 많은 수는?

11	1	2	3	4	5	6	7	8	9	10		
	10		8	7	6		4	3	2	1		

13	1	2	3	4	5	6	7	8	9	10	11	12
	12	11	10	9	8		6	5	4		2	1

➡ ▢을 가르기하는 방법보다 ▢을 가르기하는 방법이 더 많습니다.

 수가 클수록 가르기하는 방법이 더 많아.

4 10개씩 묶음과 낱개 0으로 이루어진 수가 몇십이야.

• 10개씩 묶음 ★개는 ★0입니다.

쓰기 **20** 읽기 **이십, 스물**

쓰기 **30** 읽기 **삼십, 서른**

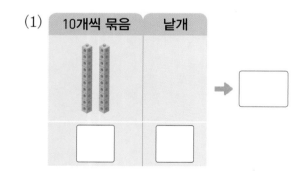

쓰기 **40** 읽기 **사십, 마흔**

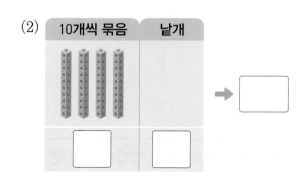

쓰기 **50** 읽기 **오십, 쉰**

---

1 연결 모형을 보고 ☐ 안에 알맞은 수를 써넣으세요.

(1)

10개씩 묶음	낱개

➡ ☐

☐ ☐

(2)

10개씩 묶음	낱개

➡ ☐

☐ ☐

---

2 수를 쓰고 두 가지 방법으로 읽어 보세요.

10개씩 묶음의 수를 알아봐.

10개씩 묶음	낱개

쓰기 ☐   읽기 ☐ , ☐

5 10개씩 묶음과 낱개로 이루어진 수가 몇십몇이야.

┌ 26은 20과 6입니다.

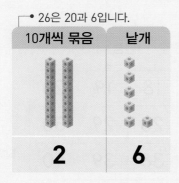

10개씩 묶음	낱개
2	6

쓰기 **26**

읽기 **이십육, 스물여섯**

┌ 47은 40과 7입니다.

10개씩 묶음	낱개
4	7

쓰기 **47**

읽기 **사십칠, 마흔일곱**

---

1 ☐ 안에 알맞은 수를 써넣고 두 가지 방법으로 읽어 보세요.

(1)
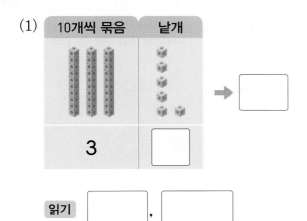

10개씩 묶음	낱개
3	☐

➡ ☐

읽기 ☐ , ☐

(2)

10개씩 묶음	낱개
☐	☐

➡ ☐

읽기 ☐ , ☐

---

2 ☐ 안에 알맞은 수를 써넣으세요.

(1) <u>10개씩 묶음 2개</u>와 <u>낱개 5개</u>는 ☐ 입니다.

　　　↓

　　20　　　☐

숫자가 나타내는 수
숫자가 같아도 놓인 자리에
따라 나타내는 수가 달라.

낱개 3개이므로
3을 나타냅니다.

33

10개씩 묶음이 3개이므로
30을 나타냅니다.

(2) <u>10개씩 묶음 4개</u>와 <u>낱개 6개</u>는 ☐ 입니다.

　　↓　　　　　↓

　　☐　　　　☐

6 |만큼 더 작은 수는 바로 앞의 수, |만큼 더 큰 수는 바로 뒤의 수야.

1 수를 순서대로 쓴 것을 보고 □ 안에 알맞은 수를 써넣으세요.

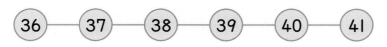

> 19, 29, 39, ...보다 |만큼 더 커지면 10개씩 묶음의 수가 |만큼 더 커지고 낱개의 수는 0이 돼.

(1) 37 바로 앞의 수는 [ ], 37보다 |만큼 더 작은 수는 [ ] 입니다.

(2) 39 바로 뒤의 수는 [ ], 39보다 |만큼 더 큰 수는 [ ] 입니다.

2 순서에 맞게 빈칸에 알맞은 수를 써넣으세요.

(1)

11	12		14	
16			19	20
21		23		25

(2)

36			38	39	
41	42				45
		47	48		

3 □ 안에 알맞은 수를 써넣으세요.

(1)
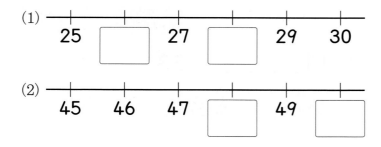

> |부터 10까지의 수의 순서
>
>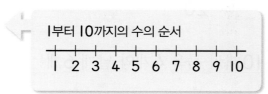

(2)

7 먼저 10개씩 묶음의 수의 크기를 비교해 봐.

┌ • 10개씩 묶음의 수가 클수록 큰 수입니다.

• **10개씩 묶음의 수가 다른 경우**

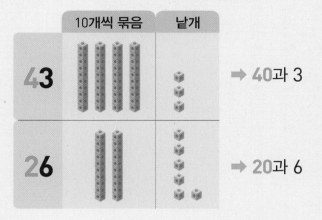

43은 26보다 큽니다.
26은 43보다 작습니다.

┌ • 낱개의 수가 클수록 큰 수입니다.

• **10개씩 묶음의 수가 같은 경우**

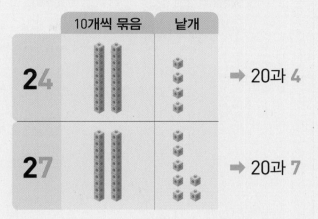

24는 27보다 작습니다.
27은 24보다 큽니다.

---

1 그림을 보고 알맞은 말에 ○표 하세요.

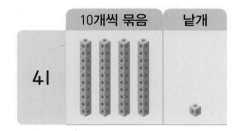

41은 34보다 (큽니다 , 작습니다).

5

2 그림을 보고 ☐ 안에 알맞은 수를 써넣으세요.

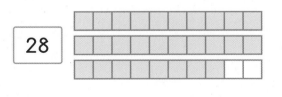

28

23

> 10개씩 묶음의 수가 같으면 낱개의 수를 비교해야 해.

┌ 28은 ☐ 보다 큽니다.

└ ☐ 은 ☐ 보다 작습니다.

1 수를 세어 쓰고 두 가지 방법으로 읽어 보세요.

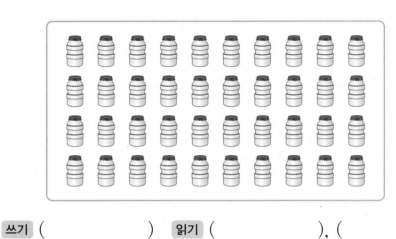

쓰기 (   )　읽기 (   ), (   )

▶ 몇십 읽기

수	읽기
10	십, 열
20	이십, 스물
30	삼십, 서른
40	사십, 마흔
50	오십, 쉰

2 관계있는 것끼리 이어 보세요.

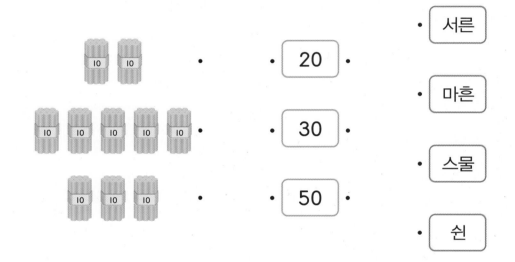

• 서른

• 마흔

• 스물

• 쉰

3 미라는 클립을 **40**개 사려고 합니다. 문구점에서 클립을 **10**개씩 묶음으로만 판매한다면 클립을 몇 묶음 사야 할까요?

(   )

▶ 40은 10개씩 몇 묶음인지 생각해 봐.

4 모형의 수를 세어 ☐ 안에 알맞은 수를 써넣으세요.

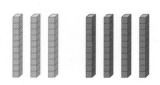

☐ 은/는 ☐ 보다 큽니다.

☐ 은/는 ☐ 보다 작습니다.

▶ 빨간색 모형은 노란색 모형보다 많아.

탄탄북

5 으로 오른쪽 모양을 몇 개 만들 수 있을까요?

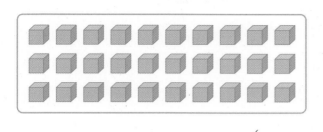

(   )

▶ 먼저 오른쪽 모양을 만드는 데 이 몇 개 필요한지 알아 봐.

내가 만드는 문제

6 ○ 안에 2부터 5까지의 수 중에서 하나를 써넣고, □ 안에 알맞은 수만큼 붙임딱지를 붙여 보세요.

붙임딱지

> 10개씩 묶음 ◯개는 ☐ 입니다.

 10개씩 묶음 2개와 낱개 10개는 모두 얼마일까?

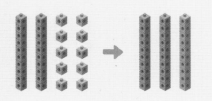 →

10개씩 묶음   2개 → ☐

\+   낱개   10개 → ☐

10개씩 묶음 ☐개 ← ☐

> 10개씩 묶음 2개와 낱개 10개는 10개씩 묶음 3개와 같네~

7 10개씩 묶고 빈칸에 알맞은 수를 써넣으세요.

► 10개씩 묶음 ●개와 낱개 ▲개
인 수는 ●▲야.

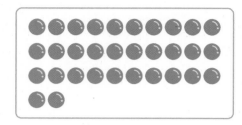

10개씩 묶음	낱개

→ [ ]

8 관계있는 것끼리 이어 보세요.

 •

• 26 •

• 마흔둘

 •

• 34 •

• 스물여섯

 •

• 42 •

• 서른넷

9 빈칸에 알맞은 수를 써넣으세요.

► ●▲는 10개씩 묶음 ●개와
낱개 ▲개야.

수	10개씩 묶음	낱개
25	2	
37		7
	4	6

9❶ □ 안에 알맞은 수를 써넣으세요.

10개씩 묶음 6개와 낱개 8개는 [ ] 입니다.

99까지의 수 알아보기

10개씩 묶음 6개와 낱개
4개는 64입니다.

1학년 2학기 때 만나!

10 28을 읽는 방법이 다른 하나를 찾아 기호를 써 보세요.

> ㉠ 학교 앞에 번호가 **28**번인 버스가 다닙니다.
> ㉡ 나는 색종이를 **28**장 가지고 있습니다.
> ㉢ 소현이의 이모의 나이는 **28**살입니다.

(   )

▶ 수는 두 가지로 읽을 수 있어.
예) **24** 읽기
• 내 번호는 이십사 번이야.
• 사탕이 스물네 개 있어.

11 진영이는 엽서를 10장씩 묶음 4개와 낱개 8장을 가지고 있습니다. 진영이가 가지고 있는 엽서는 모두 몇 장일까요?

(   )

 내가 만드는 문제

12 10부터 50까지의 수 중 하나를 골라 ○ 안에 써넣고, □ 안에 알맞은 수나 말을 써넣으세요.

> ◯ 은/는 10개씩 묶음 □ 개와 낱개 □ 개이고
> □ 또는 □ (이)라고 읽습니다.

▶ 수를 정하여 두 가지 방법으로 읽어 봐.

5

🎓 **26을 여러 가지 방법으로 나타내 볼까?**

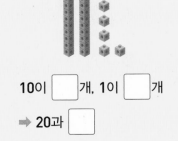

1이 □ 개

10이 □ 개, 1이 □ 개
➡ 10과 □

10이 □ 개, 1이 □ 개
➡ 20과 □

6 50까지 수의 순서 알아보기

13 순서에 맞게 빈칸에 알맞은 수를 써넣으세요.

1	2	3	4	5	6		8	9	
11		13	14	15		17	18		20
	22	23		25	26	27		29	30
31	32	33	34	35		37	38		
41		43	44	45	46			49	50

14 작은 수부터 순서대로 써 보세요.

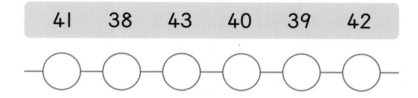

15 책을 순서대로 책꽂이에 꽂았습니다. ☐ 안에 알맞은 수를 써넣으세요.

▶ 24와 27 사이의 수에 24와 27은 포함되지 않아.

(1) **18**번과 **20**번 책 사이에는 ☐ 번 책이 꽂혀 있습니다.

(2) **24**번과 **27**번 책 사이에는 ☐ 번 책과 ☐ 번 책이 꽂혀 있습니다.

15➕ 수의 순서를 보고 빈칸에 알맞은 수를 써넣으세요.

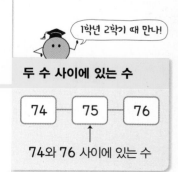

1학년 2학기 때 만나!

두 수 사이에 있는 수

74 — 75 — 76

74와 76 사이에 있는 수

16 ○ 안에 순서에 맞게 수를 쓰고 □ 안에 알맞은 수를 써넣으세요.

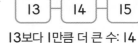

13보다 1만큼 더 큰 수: 14
13보다 2만큼 더 큰 수: 15

(1)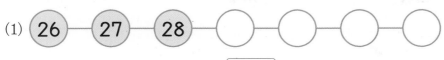

28보다 2만큼 더 큰 수는 □ 입니다.

(2)

39보다 3만큼 더 큰 수는 □ 입니다.

17 36과 41 사이에 있는 수를 모두 써 보세요.

( )

😊 내가 만드는 문제

18 10부터 50까지의 수 중에서 세 수를 자유롭게 골라 수직선에 나타내 보세요.

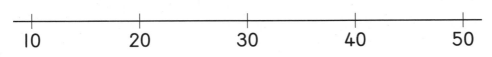

10부터 50까지의 수 중에서 서로 다른 세 수를 골라 수직선에 나타내 봐.

5

🎓 수의 순서에는 어떤 규칙이 있을까?

10	11	12	13	14	15	16	17	18	19
20	21	22	23	24	25	26	27	28	29
30	31	32	33	34	35	36	37	38	39
40	41	42	43	44	45	46	47	48	49

□ 안의 수들은 10개씩 묶음의 수가 (같습니다 , 다릅니다).
□ 안의 수들은 낱개의 수가 (같습니다 , 다릅니다).
■ 보다 1만큼 더 큰 수는 바로 뒤의 수인 □ 이고,
■ 보다 1만큼 더 작은 수는 바로 앞의 수인 □ 입니다.

19 그림을 보고 □ 안에 알맞은 수를 써넣으세요.

▶ 10개씩 묶음의 수를 먼저 비교해 봐.

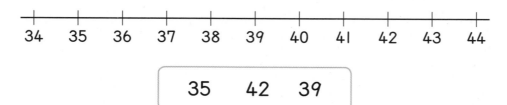

□ 은/는 □ 보다 큽니다.

□ 은/는 □ 보다 작습니다.

20 더 큰 수에 ○표 하세요.

서른일곱	스물여덟
( )	( )

20➕ 더 큰 수에 ○표 하세요.

68	75
( )	( )

말풍선: 1학년 2학기 때 만나!

82와 91의 크기 비교

10개씩 묶음	낱개
8	2

10개씩 묶음	낱개
9	1

➡ 91이 82보다 큽니다.

21 더 큰 수를 찾아 기호를 써 보세요.

> ㉠ 10개씩 묶음 3개와 낱개 3개인 수
> ㉡ 10개씩 묶음 3개와 낱개 5개인 수

( )

22 수직선을 보고 가장 큰 수에 ○표, 가장 작은 수에 △표 하세요.

▶ 수직선에서 수는 오른쪽으로 갈수록 커져.

```
+----+----+----+----+----+----+----+----+----+----+
34   35   36   37   38   39   40   41   42   43   44
```

| 35 | 42 | 39 |

23 동화책을 민희는 47쪽, 지아는 45쪽 읽었습니다. 동화책을 더 적게 읽은 사람은 누구일까요?

▶ 47과 45의 크기를 비교해 봐.

(   )

🔗 탄탄북
24 40부터 50까지의 수 중에서 [보기] 의 수보다 큰 수를 모두 써 보세요.

▶ 40부터 50까지의 수에 40과 50은 포함돼.

> **보기**
> 10개씩 묶음 4개와 낱개 6개인 수

(   )

😊 내가 만드는 문제
25 작은 수부터 순서대로 빈칸에 자유롭게 써넣으세요.

5

 왜 10개씩 묶음의 수를 먼저 비교할까?

	10개씩 묶음	낱개
13	🟦	🔹🔹🔹
21	🟦🟦	🔹

🟦은 🔹보다 큽니다.

13이 21보다 🟦가 1개 더 적으므로

[   ]이 [   ]보다 작습니다.

🟦은 10, 🔳은 1을 나타내기 때문이야.

① 10이 되기 위해 필요한 수 구하기

지아는 구슬을 7개 가지고 있습니다. 구슬이 10개가 되려면 몇 개가 더 필요할까요?

(   )

10칸에서 7칸을 색칠하고 남은 칸 수를 알아봐.

② 몇십몇 알아보기

다음이 나타내는 수는 얼마인지 구해 보세요.

> 10개씩 묶음 2개와 낱개 13개인 수

(   )

낱개 ●▲개는 10개씩 묶음 ●개와 낱개 ▲개와 같아.

낱개		10개씩 묶음	낱개

1+

지유는 붙임딱지를 6장 가지고 있습니다. 붙임딱지가 10장이 되려면 몇 장이 더 필요할까요?

(   )

2+

다음이 나타내는 수는 얼마인지 구해 보세요.

> 10개씩 묶음 3개와 낱개 15개인 수

(   )

3 십몇을 여러 번 가르기

민주는 초콜릿을 16개 가지고 있었습니다. 그중에서 4개를 진우에게, 5개를 혜미에게 주었습니다. 민주에게 남아 있는 초콜릿은 몇 개일까요?

( )

먼저 16을 4와 ㉠으로 가르기한 후 ㉠을 4와 ㉡으로 가르기하면 돼.

4 세 수의 크기 비교

가장 큰 수를 찾아 기호를 써 보세요.

> ㉠ 사십삼
> ㉡ 43보다 1만큼 더 큰 수
> ㉢ 44보다 2만큼 더 작은 수

( )

먼저 1만큼 더 큰 수와 2만큼 더 작은 수를 알아봐.

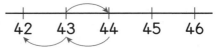

수직선에서 1만큼 더 큰 수는 오른쪽으로 1칸,
수직선에서 2만큼 더 작은 수는 왼쪽으로 2칸 이동합니다.

3+ 유리는 사탕을 14개 가지고 있었습니다. 그중에서 5개를 언니에게, 3개를 동생에게 주었습니다. 유리에게 남아 있는 사탕은 몇 개일까요?

( )

4+ 가장 큰 수를 찾아 기호를 써 보세요.

> ㉠ 10개씩 묶음 3개와 낱개 2개인 수
> ㉡ 35보다 1만큼 더 작은 수
> ㉢ 29보다 2만큼 더 큰 수

( )

⑤ 조건을 만족하는 수 구하기

조건 을 만족하는 수를 모두 구해 보세요.

> **조건**
> • 10과 30 사이에 있는 수입니다.
> • 낱개의 수가 6입니다.

( )

> 10과 30 사이에 있는 수에 10과 30은 포함되지 않아.
>
> 10, 11, 12, ..., 28, 29, 30
>
> 10과 30 사이의 수

⑥ 수 카드로 몇십몇 만들기

두 주머니에서 각각 수 카드를 한 장씩 뽑아 몇십몇을 만들려고 합니다. 만들 수 있는 몇십몇 중 가장 작은 수를 구해 보세요.

10개씩 묶음의 수   낱개의 수

( )

> 수의 순서에서 오른쪽으로 갈수록, 아래로 내려갈수록 큰 수야.
>
> 커집니다.
>
> | 11 | 12 | 13 | 14 | 15 | 16 | 17 | 18 | 19 | 20 |
> |----|----|----|----|----|----|----|----|----|----|
> | 21 | 22 | 23 | 24 | 25 | 26 | 27 | 28 | 29 | 30 |
> | 31 | 32 | 33 | 34 | 35 | 36 | 37 | 38 | 39 | 40 |
>
> 커집니다.

5⁺ 조건 을 만족하는 수를 모두 구해 보세요.

> **조건**
> • 20과 40 사이에 있는 수입니다.
> • 10개씩 묶음의 수와 낱개의 수가 같습니다.

( )

6⁺ 4장의 수 카드 중에서 서로 다른 2장을 골라 한 장은 10개씩 묶음의 수로 하고, 다른 한 장은 낱개의 수로 하여 몇십몇을 만들려고 합니다. 만들 수 있는 몇십몇 중 가장 큰 수를 구해 보세요.

1	3	2	4

( )

단원 평가

| 점수 | 확인 |

1 10이 되도록 색칠해 보세요.

2 다음을 수로 쓰고 두 가지 방법으로 읽어 보세요.

> 8보다 2만큼 더 큰 수

쓰기 (   )

읽기 (,   )

3 같은 수끼리 이어 보세요.

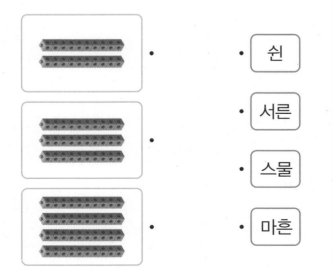

- 쉰
- 서른
- 스물
- 마흔

4 10개씩 묶고 수로 나타내 보세요.

5 그림에 알맞은 것을 모두 찾아 ○표 하세요.

(마흔여덟 , 삼십팔 , 48 , 서른여덟)

6 밑줄 친 10을 바르게 읽어 보세요.

> 준혁이는 과수원에서 사과를 <u>10</u>개 땄습니다.

(   )

7 수직선을 보고 ☐ 안에 알맞은 수를 써 넣으세요.

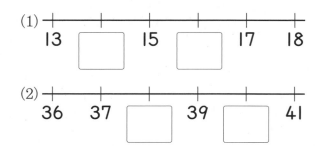

(1) 13 ☐ 15 ☐ 17 18

(2) 36 37 ☐ 39 ☐ 41

8 서로 다른 두 가지 방법으로 가르기를 해 보세요.

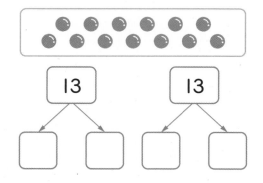

9 순서를 거꾸로 하여 빈칸에 알맞은 수를 써넣으세요.

25 24 23 22 ◯ ◯

10 순서에 맞게 빈칸에 알맞은 수를 써넣으세요.

33		35	36		
39		41		43	44
	46		48		

11 27에 대한 설명으로 잘못된 것을 찾아 기호를 써 보세요.

> ㉠ 2는 20을 나타냅니다.
> ㉡ 20보다 7만큼 더 큰 수입니다.
> ㉢ 30보다 1만큼 더 작은 수입니다.

( )

12 더 큰 수에 ◯표 하세요.

48 44

13 모으기하여 15가 되는 수끼리 이어 보세요.

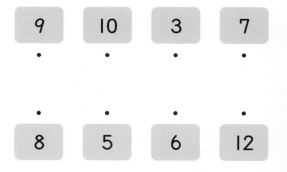

| 9 | 10 | 3 | 7 |

| 8 | 5 | 6 | 12 |

14 큰 수부터 차례로 써 보세요.

42 22 35 27 30

( )

정답과 풀이 28쪽

15 다음이 나타내는 수는 얼마인지 구해 보세요.

> 10개씩 묶음 3개와 낱개 18개인 수

(   )

16 사과는 10개씩 묶음 4개와 낱개 3개가 있고, 참외는 서른아홉 개가 있습니다. 사과와 참외 중 어느 것이 더 많을까요?

(   )

17 조건 을 만족하는 수를 모두 구해 보세요.

> 조건
> · 37보다 큽니다.
> · 10개씩 묶음의 수가 3입니다.

(   )

18 규현이는 딱지를 15장 가지고 있었습니다. 그중에서 5장을 민수에게, 4장을 상진이에게 주었습니다. 규현이에게 남아 있는 딱지는 몇 장일까요?

(   )

19 지현이는 우표를 26장 모았고, 정우는 29장 모았습니다. 우표를 더 많이 모은 사람은 누구인지 풀이 과정을 쓰고 답을 구해 보세요.

풀이 _____

_____

_____

답 _____

20 학생들이 번호 순서대로 줄을 서 있습니다. 10번부터 15번까지의 학생은 모두 몇 명인지 풀이 과정을 쓰고 답을 구해 보세요.

풀이 _____

_____

_____

답 _____

5

사고력이 반짝

● 모양들을 위에서 보았을 때의 모양을 찾고 색칠해 보세요.

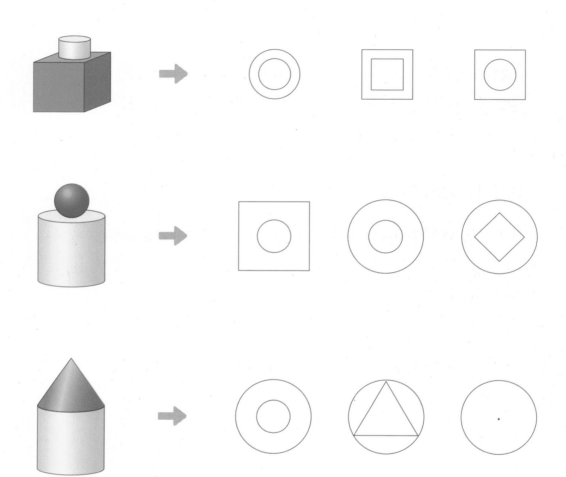

기본 1-1 붙임딱지

문제의 쪽수, 번호에 알맞게 붙여 보세요!

1 9까지의 수

12쪽 3번

14쪽 8번

15쪽 9번

24쪽 3번

2 여러 가지 모양

47쪽 17번

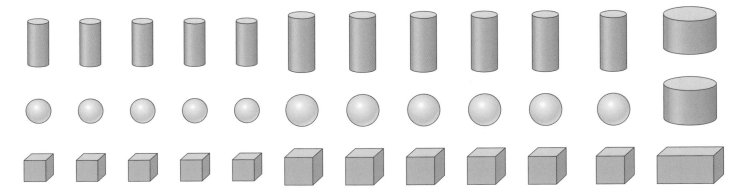

3 덧셈과 뺄셈

62쪽 2번

85쪽 6번

86쪽 8번

4 비교하기

112쪽 16번

115쪽 23번

5 50까지의 수

129쪽 5번

131쪽 14번

133쪽 19번

139쪽 5번

계산이 아닌

개념을 깨우치는

수학을 품은 연산

디딤돌
연산은
수학이다.

1~6학년(학기용)

수학 공부의 새로운 패러다임

상위권의 기준

상위권의 기준

최상위
사고력

수학 좀 한다면

디딤돌

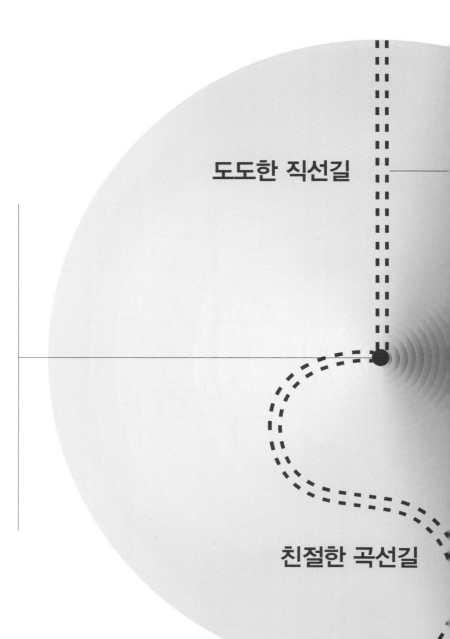

도도한 직선길

친절한 곡선길

수학 좀 한다면

기본탄탄북

1-1

차례

수학 좀 한다면

초등수학

기본탄탄북

$\dfrac{1}{1}$

- **개념 적용 복습** | 진도책의 개념 적용에서 틀리기 쉽거나 중요한 문제들을 다시
   한번 풀어 보세요.

- **서술형 문제** | 쓰기 쉬운 서술형 문제로 수학적 의사표현 능력을 키워 보세요.

- **수행 평가** | 수시평가를 대비하여 꼭 한번 풀어 보세요.
   시험에 대한 자신감이 생길 거예요.

- **총괄 평가** | 최종적으로 모든 단원의 문제를 풀어 보면서 실력을 점검해 보세요.

1

진도책 15쪽
10번 문제

그림을 보고 □ 안에 알맞은 수를 써넣어 이야기를 완성해 보세요.

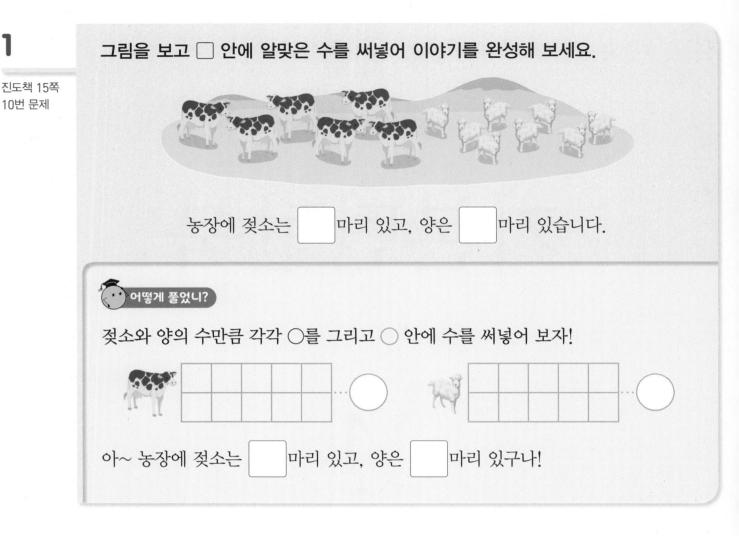

농장에 젖소는 □ 마리 있고, 양은 □ 마리 있습니다.

어떻게 풀었니?

젖소와 양의 수만큼 각각 ◯를 그리고 ◯ 안에 수를 써넣어 보자!

아~ 농장에 젖소는 □ 마리 있고, 양은 □ 마리 있구나!

2 그림을 보고 □ 안에 알맞은 수를 써넣어 이야기를 완성해 보세요.

마당에 강아지는 □ 마리 있고, 고양이는 □ 마리 있습니다.

3

진도책 16쪽
15번 문제

노란색 풍선은 왼쪽에서 몇째, 오른쪽에서 몇째일까요?

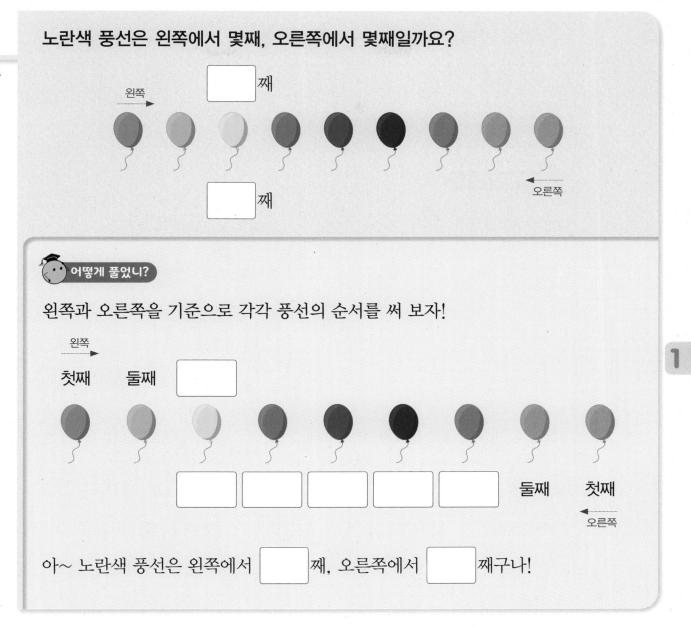

어떻게 풀었니?

왼쪽과 오른쪽을 기준으로 각각 풍선의 순서를 써 보자!

아~ 노란색 풍선은 왼쪽에서 ☐째, 오른쪽에서 ☐째구나!

4 ☐ 안에 알맞은 말을 써넣으세요.

초록색 구슬은 왼쪽에서 ☐째이고, 오른쪽에서 ☐째입니다.

5

진도책 25쪽
6번 문제

□ 안에 알맞은 수를 써넣으세요.

> 5는 □ 보다 1만큼 더 큰 수이고, □ 보다 1만큼 더 작은 수입니다.

어떻게 풀었니?

수의 순서에서 1만큼 더 큰 수와 1만큼 더 작은 수를 알아보자!

바로 뒤의 수   바로 앞의 수

(4) → (5) → (6)

1만큼 더 큰 수   1만큼 더 작은 수

5는 4 바로 (앞 , 뒤)의 수이니까 5는 □ 보다 1만큼 더 큰 수야.

5는 6 바로 (앞 , 뒤)의 수이니까 5는 □ 보다 1만큼 더 작은 수야.

아~ 5는 □ 보다 1만큼 더 큰 수이고, □ 보다 1만큼 더 작은 수구나!

6

□ 안에 알맞은 수를 써넣으세요.

> 7은 □ 보다 1만큼 더 큰 수이고, □ 보다 1만큼 더 작은 수입니다.

7

㉠과 ㉡에 알맞은 수를 각각 구해 보세요.

> • 4는 ㉠보다 1만큼 더 큰 수입니다.
> • 8은 ㉡보다 1만큼 더 작은 수입니다.

㉠ (   ), ㉡ (   )

8

진도책 26쪽
9번 문제

6보다 작은 수는 모두 몇 개일까요?

| 5 | 9 | 4 | 2 | 7 |

 **어떻게 풀었니?**

수의 순서에서 6보다 작은 수는 6 앞의 수인 걸 알았니?
6과 5, 9, 4, 2, 7을 작은 수부터 차례로 써 보자.

| 2 | , □ | , □ | , 6 | , □ | , □ |

← 6보다 작은 수

6보다 작은 수는 6 앞의 수이니까 □ , □ , □ (이)야.

아~ 주어진 수 중에서 6보다 작은 수는 모두 □ 개구나!

1

9 5보다 작은 수는 모두 몇 개일까요?

| 6 | 3 | 9 | 8 | 2 |

(   )

10 4보다 큰 수는 모두 몇 개일까요?

| 3 | 7 | l | 5 | 8 |

(   )

📃 쓰기 쉬운 서술형

1

9까지의 수 알아보기

나타내는 수가 다른 하나를 찾아 기호를 쓰려고 합니다. 풀이 과정을 쓰고 답을 구해 보세요.

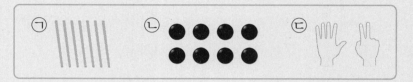

🖋 **무엇을 쓸까?** ❶ 빨대, 바둑돌, 편 손가락의 수 각각 쓰기

❷ 나타내는 수가 다른 하나를 찾아 기호 쓰기

풀이 예 빨대의 수는 (　　), 바둑돌의 수는 (　　), 편 손가락의 수는 (　　)입니다. ⋯ ❶

따라서 나타내는 수가 다른 하나를 찾아 기호를 쓰면 (　　)입니다. ⋯ ❷

답 _____

1-1

나타내는 수가 왼쪽 공깃돌의 수와 다른 것을 찾아 기호를 쓰려고 합니다. 풀이 과정을 쓰고 답을 구해 보세요.

🖋 **무엇을 쓸까?** ❶ 공깃돌, 편 손가락, 구슬, 막대의 수 각각 쓰기

❷ 공깃돌의 수와 나타내는 수가 다른 것을 찾아 기호 쓰기

풀이 _____

_____

답 _____

2

몇째인지 알아보기

왼쪽에서 다섯째에 있는 동물은 오른쪽에서 몇째에 있는지 풀이 과정을 쓰고 답을 구해 보세요.

토끼　여우　원숭이　다람쥐　호랑이　사자　말

📝 **무엇을 쏠까?**　❶ 왼쪽에서 다섯째에 있는 동물 찾기

❷ 왼쪽에서 다섯째에 있는 동물은 오른쪽에서 몇째에 있는지 구하기

풀이　예 왼쪽에서 다섯째에 있는 동물은 (　　　)입니다. ┈ ❶

이 동물은 오른쪽에서 (　　)에 있습니다. ┈ ❷

답

1

2-1

오른쪽에서 셋째에 있는 채소는 왼쪽에서 몇째에 있는지 풀이 과정을 쓰고 답을 구해 보세요.

토마토　오이　호박　가지　피망　양파　고추　당근

📝 **무엇을 쏠까?**　❶ 오른쪽에서 셋째에 있는 채소 찾기

❷ 오른쪽에서 셋째에 있는 채소는 왼쪽에서 몇째에 있는지 구하기

풀이

답

2-2

학생 6명이 놀이 기구를 타려고 한 줄로 서 있습니다. 민아는 앞에서 둘째에 서 있고, 근영이는 앞에서 다섯째에 서 있습니다. 민아와 근영이 사이에 서 있는 학생은 몇 명인지 풀이 과정을 쓰고 답을 구해 보세요.

🍴 무엇을 쓸까?   ❶ 둘째와 다섯째 사이에 있는 순서 쓰기
❷ 민아와 근영이 사이에 서 있는 학생은 몇 명인지 구하기

풀이 _____

_____

_____

답 _____

2-3

은채네 모둠 학생들이 달리기를 하였습니다. 은채는 앞에서 셋째, 뒤에서 넷째로 들어왔습니다. 은채네 모둠은 모두 몇 명인지 풀이 과정을 쓰고 답을 구해 보세요.

🍴 무엇을 쓸까?   ❶ 은채의 앞과 뒤에 각각 몇 명이 들어왔는지 구하기
❷ 은채네 모둠은 모두 몇 명인지 구하기

풀이 _____

_____

_____

답 _____

3 **|만큼 더 큰 수와 |만큼 더 작은 수 알아보기**

준호는 연필을 8자루 가지고 있고, 형은 준호보다 |자루 더 많이 가지고 있습니다. 형이 가지고 있는 연필은 몇 자루인지 풀이 과정을 쓰고 답을 구해 보세요.

✏️ **무엇을 쓸까?** ❶ 8보다 1만큼 더 큰 수 구하기

❷ 형이 가지고 있는 연필은 몇 자루인지 구하기

답을 쓸 때에는 숫자 뒤에 반드시 연필의 단위 '자루'를 붙여 써야 해.

풀이 (예) 8보다 |만큼 더 큰 수는 ( )입니다. … ❶

따라서 형이 가지고 있는 연필은 ( )자루입니다. … ❷

답 _____

3-1 컵케이크의 수보다 |만큼 더 작은 수를 두 가지 방법으로 읽으려고 합니다. 풀이 과정을 쓰고 답을 구해 보세요.

✏️ **무엇을 쓸까?** ❶ 컵케이크의 수 구하기

❷ 컵케이크의 수보다 1만큼 더 작은 수 구하기

❸ 컵케이크의 수보다 1만큼 더 작은 수를 두 가지 방법으로 읽기

풀이 _____

_____

_____

답 _____ , _____

3-2

동물원에 코끼리가 **7**마리 있고, 코끼리는 사자보다 l마리 더 많습니다. 동물원에 사자는 몇 마리 있는지 풀이 과정을 쓰고 답을 구해 보세요.

무엇을 쏠까?
❶ 사자는 코끼리보다 몇 마리 더 적은지 구하기
❷ 동물원에 사자는 몇 마리 있는지 구하기

풀이 _____

_____

_____

답 _____

3-3

세진이는 다섯 살입니다. 현희는 세진이보다 l살 더 많고, 진아는 현희보다 l살 더 많습니다. 진아는 몇 살인지 풀이 과정을 쓰고 답을 구해 보세요.

무엇을 쏠까?
❶ 현희가 몇 살인지 구하기
❷ 진아가 몇 살인지 구하기

풀이 _____

_____

_____

_____

답 _____

4

수의 크기 비교하기

3보다 크고 7보다 작은 수는 모두 몇 개인지 풀이 과정을 쓰고 답을 구해 보세요.

무엇을 쓸까? ① 3보다 크고 7보다 작은 수 모두 구하기

② 3보다 크고 7보다 작은 수는 모두 몇 개인지 구하기

풀이 예 3부터 7까지의 수를 순서대로 쓰면 3, (   ), (   ), (   ), 7이

므로 3보다 크고 7보다 작은 수는 (   ), (   ), (   )입니다. ⋯ ①

따라서 3보다 크고 7보다 작은 수는 모두 (   )개입니다. ⋯ ②

답

1

4-1

다음을 만족하는 수는 모두 몇 개인지 풀이 과정을 쓰고 답을 구해 보세요.

• 5와 9 사이에 있는 수입니다.
• 8보다 작습니다.

무엇을 쓸까? ① 5와 9 사이에 있는 수 모두 구하기

② 5와 9 사이에 있는 수 중에서 8보다 작은 수 모두 구하기

③ 조건을 만족하는 수는 모두 몇 개인지 구하기

풀이

답

수행 평가

1 알맞은 수를 쓰고 이어 보세요.

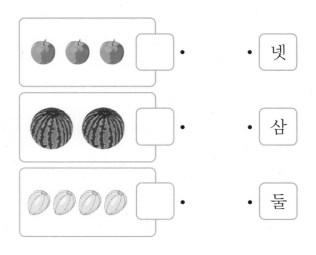

넷

삼

둘

2 곰 인형의 수를 두 가지 방법으로 읽어 보세요.

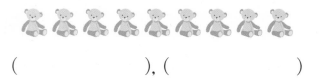

(   ), (   )

3 영아와 친구들이 범퍼카를 타려고 한 줄로 서 있습니다. 앞에서 둘째에 서 있는 사람은 누구일까요?

영아 지수 채원 효찬 태욱

(   )

4 수를 순서대로 이어 보세요.

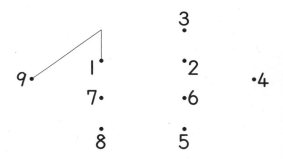

5 순서를 거꾸로 하여 수를 써 보세요.

8 — ☐ — 6 — ☐ — ☐

6 더 큰 수에 ○표 하세요.

7 호박의 수보다 **1**만큼 더 작은 수를 쓰고 읽어 보세요.

쓰기 (　　　　　　　　)

읽기 (　　　　　　　　)

8 큰 수부터 차례로 써 보세요.

4	3	9	7

(　　　　　　　　　　)

9 왼쪽의 수만큼 묶으면 묶지 않은 나비는 몇 마리일까요?

8	🦋 🦋 🦋 🦋 🦋 🦋 🦋 🦋 🦋

(　　　　　　　　　　)

서술형 문제

10 초콜릿을 시아는 **8**개 먹었고 승준이는 **7**개 먹었습니다. 누가 초콜릿을 몇 개 더 많이 먹었는지 풀이 과정을 쓰고 답을 구해 보세요.

풀이 ....

....

....

답 .... ,

➕ 개념 적용

1

진도책 42쪽
3번 문제

같은 모양끼리 모은 것입니다. 잘못 모은 것을 찾아 기호를 써 보세요.

어떻게 풀었니?

모은 물건은 ⬜, 🟫, ⚪ 모양 중에서 어떤 모양인지 알아보자!

㉠ 은 (⬜ , 🟫 , ⚪) 모양, ㉡ 은 (⬜ , 🟫 , ⚪) 모양,

㉢ 은 (⬜ , 🟫 , ⚪) 모양, ㉣ 은 (⬜ , 🟫 , ⚪) 모양이야.

아~ 잘못 모은 것을 찾아 기호를 쓰면 ⬜ 이구나!

2

준하가 같은 모양끼리 모은 것입니다. 잘못 모은 것을 찾아 ○표 하세요.

3

윤서가 같은 모양끼리 모은 것입니다. 잘못 모은 것을 찾아 ○표 하세요.

4 잘 쌓을 수 없는 모양을 찾아 기호를 써 보세요.

진도책 45쪽
10번 문제

🧑‍🎓 **어떻게 풀었니?**

평평한 부분이 없으면 잘 쌓을 수 없는 걸 알았니?

◻, ⬭, ● 모양 중에서 평평한 부분이 없는 모양을 찾아보자.

평평한 부분이 있는 모양은 ◻ 모양과 (◻ , ⬭ , ●) 모양이야.

그럼 평평한 부분이 없는 모양은 (◻ , ⬭ , ●) 모양이겠네.

㉠은 (◻ , ⬭ , ●) 모양, ㉡은 (◻ , ⬭ , ●) 모양,

㉢은 (◻ , ⬭ , ●) 모양이야.

아~ 평평한 부분이 없어서 잘 쌓을 수 없는 모양을 찾아 기호를 쓰면 ☐ 이구나!

5 잘 굴러가지 않는 모양을 찾아 기호를 써 보세요.

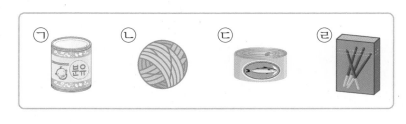

(   )

6

진도책 46쪽
14번 문제

🔲 모양 3개, 🔘 모양 4개, ⚪ 모양 1개를 사용하여 모양을 만든 사람은 누구일까요?

민영   승준

👨‍🎓 어떻게 풀었니?

🔲 모양에 □표, 🔘 모양에 △표, ⚪ 모양에 ○표 하여 민영이와 승준이가 사용한 🔲, 🔘, ⚪ 모양은 각각 몇 개인지 알아보자!

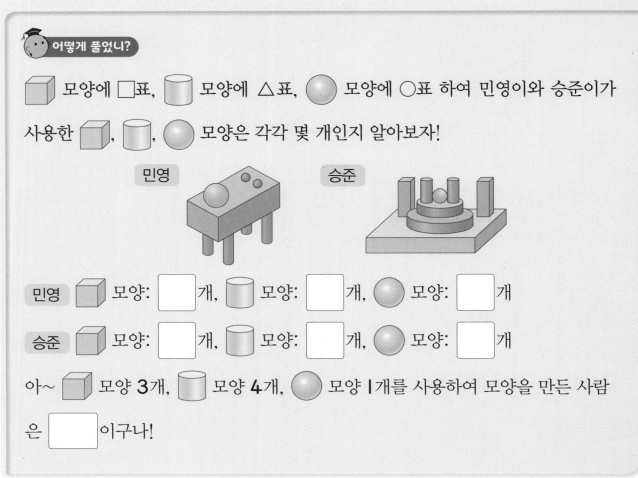

민영   승준

민영 🔲 모양: ☐ 개, 🔘 모양: ☐ 개, ⚪ 모양: ☐ 개

승준 🔲 모양: ☐ 개, 🔘 모양: ☐ 개, ⚪ 모양: ☐ 개

아~ 🔲 모양 3개, 🔘 모양 4개, ⚪ 모양 1개를 사용하여 모양을 만든 사람은 ☐ 이구나!

7

🔲 모양 2개, 🔘 모양 5개, ⚪ 모양 2개를 사용하여 모양을 만든 사람은 누구일까요?

   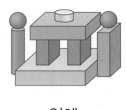

연우   인혜

(   )

8

진도책 47쪽
15번 문제

다음 모양을 만드는 데 가장 많이 사용한 모양에 ○표 하세요.

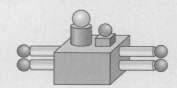   

어떻게 풀었니?

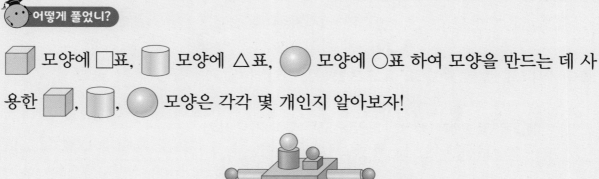

모양에 □표, 모양에 △표, 모양에 ○표 하여 모양을 만드는 데 사용한 , , 모양은 각각 몇 개인지 알아보자!

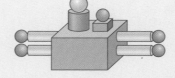

모양을 [ ]개, 모양을 [ ]개, 모양을 [ ]개 사용했어.

모양을 만드는 데 사용한 , , 모양의 수를 비교하면
(, ,) 모양이 가장 많아.

아~ 가장 많이 사용한 (, ,) 모양에 ○표 하면 되겠구나!

9

다음 모양을 만드는 데 가장 많이 사용한 모양을 찾아 기호를 써 보세요.

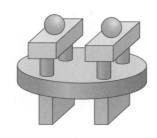   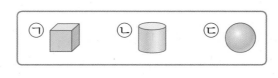

(   )

🖊 쓰기 쉬운 서술형

1 여러 가지 모양 찾기

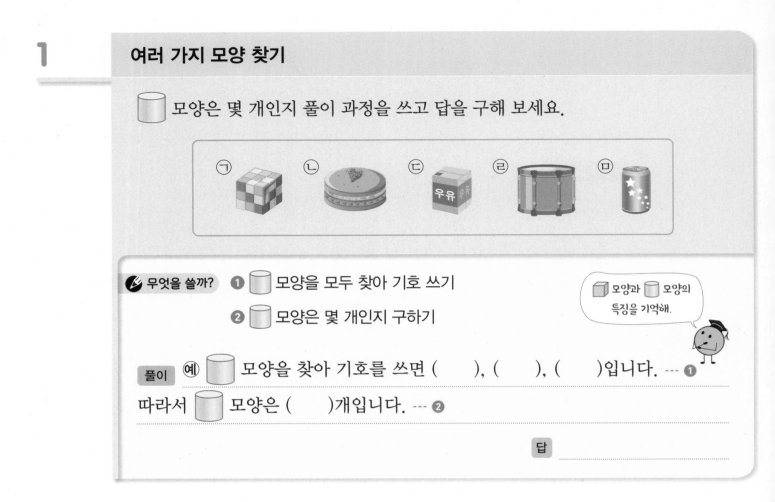

🖊 모양은 몇 개인지 풀이 과정을 쓰고 답을 구해 보세요.

| ㉠ | ㉡ | ㉢ | ㉣ | ㉤ |

✏️ 무엇을 쓸까?   ① 🖊 모양을 모두 찾아 기호 쓰기
　　　　　　　　　 ② 🖊 모양은 몇 개인지 구하기

> 🖊 모양과 🖊 모양의 특징을 기억해.

풀이 ⟨예⟩ 🖊 모양을 찾아 기호를 쓰면 (　　), (　　), (　　)입니다. --- ①

따라서 🖊 모양은 (　　)개입니다. --- ②

답 _____

1-1

🖊 모양은 몇 개인지 풀이 과정을 쓰고 답을 구해 보세요.

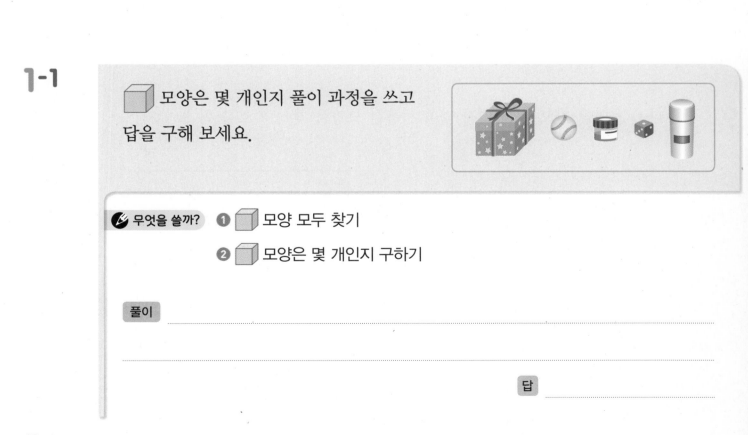

✏️ 무엇을 쓸까?   ① 🖊 모양 모두 찾기
　　　　　　　　　 ② 🖊 모양은 몇 개인지 구하기

풀이 _____

_____

답 _____

1-2

책상 위의 ▢ 모양과 ◯ 모양 중에서 더 많은 모양을 찾아 기호를 쓰려고 합니다. 풀이 과정을 쓰고 답을 구해 보세요.

ㄱ ▢   ㄴ ◯

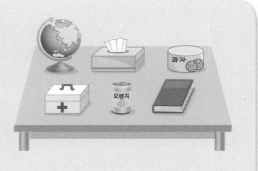

✏️ **무엇을 쓸까?** ❶ ▢ 모양과 ◯ 모양은 각각 몇 개인지 구하기

❷ ▢ 모양과 ◯ 모양 중에서 더 많은 모양을 찾아 기호 쓰기

풀이

답

1-3

책상 위의 찾을 수 있는 모양 중에서 가장 많은 모양을 찾아 기호를 쓰려고 합니다. 풀이 과정을 쓰고 답을 구해 보세요.

ㄱ ◻   ㄴ ▢   ㄷ ◯

✏️ **무엇을 쓸까?** ❶ ◻ , ▢ , ◯ 모양은 각각 몇 개인지 구하기

❷ ◻ , ▢ , ◯ 모양 중에서 가장 많은 모양을 찾아 기호 쓰기

풀이

답

2 여러 가지 모양 알아보기

◯ 모양에 대해 잘못 말한 사람은 누구인지 풀이 과정을 쓰고 답을 구해 보세요.

> 지혜: 굴리면 잘 굴러가.
> 선우: 둥근 부분과 평평한 부분이 있어.

✎ 무엇을 쓸까? ❶ ◯ 모양의 특징 알아보기

❷ 잘못 말한 사람 찾기

풀이 예 ◯ 모양은 굴리면 잘 (굴러갑니다 , 굴러가지 않습니다).

◯ 모양은 평평한 부분이 (있습니다 , 없습니다). ··· ❶

따라서 ◯ 모양에 대해 잘못 말한 사람은 (   )입니다. ··· ❷

답

2-1

오른쪽 물건과 같은 모양에 대해 잘못 말한 사람은 누구인지 풀이 과정을 쓰고 답을 구해 보세요.

> 민아: 눕혀서 굴리면 잘 굴러가.
> 재현: 잘 쌓을 수 있어.

✎ 무엇을 쓸까? ❶ 물건의 모양과 특징 알아보기

❷ 잘못 말한 사람 찾기

풀이

답

3

사용한 모양 알아보기

준하가 오른쪽 모양을 만드는 데 사용하지 않은 모양을 찾아 기호를 쓰려고 합니다. 풀이 과정을 쓰고 답을 구해 보세요.

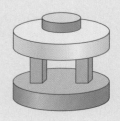

🍴 **무엇을 쓸까?**　❶ 준하가 사용한 모양 알아보기

　　　　　　　　❷ 준하가 사용하지 않은 모양을 찾아 기호 쓰기

풀이　예 준하는 ⬛ 모양과 (⬛ , 🛢 , ⚪) 모양을 사용했습니다. ⋯ ❶

따라서 준하가 사용하지 않은 모양은 (⬛ , 🛢 , ⚪) 모양이므로 기호를

쓰면 (　　　)입니다. ⋯ ❷

답 _____

2

3-1

모양을 만드는 데 ⬛ 모양과 ⚪ 모양을 사용한 사람은 누구인지 구하려고 합니다. 풀이 과정을 쓰고 답을 구해 보세요.

채아

진서

🍴 **무엇을 쓸까?**　❶ 채아와 진서가 사용한 모양 각각 알아보기

　　　　　　　　❷ ⬛ 모양과 ⚪ 모양을 사용한 사람 찾기

풀이 _____

_____

_____

답 _____

4 **사용한 모양의 개수 알아보기**

🛢️ 모양을 더 많이 사용한 것을 찾아 기호를 쓰려고 합니다. 풀이 과정을 쓰고 답을 구해 보세요.

가 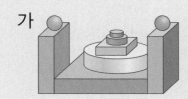   나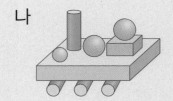

✏️ 무엇을 쓸까? ❶ 가와 나는 🛢️ 모양을 각각 몇 개 사용했는지 구하기

❷ 🛢️ 모양을 더 많이 사용한 것을 찾아 기호 쓰기

풀이 예 🛢️ 모양을 가는 (   )개, 나는 (   )개 사용했습니다. ⋯ ❶

따라서 🛢️ 모양을 더 많이 사용한 것을 찾아 기호를 쓰면 (   )입니다. ⋯ ❷

답

4-1

모양을 만드는 데 ⚪ 모양을 더 적게 사용한 사람은 누구인지 구하려고 합니다. 풀이 과정을 쓰고 답을 구해 보세요.

   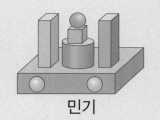
은비   민기

✏️ 무엇을 쓸까? ❶ 은비와 민기가 ⚪ 모양을 각각 몇 개 사용했는지 구하기

❷ ⚪ 모양을 더 적게 사용한 사람 찾기

풀이

답

4-2

⬭ 모양을 ⬜ 모양보다 더 많이 사용한 것을 찾아 기호를 쓰려고 합니다. 풀이 과정을 쓰고 답을 구해 보세요.

가 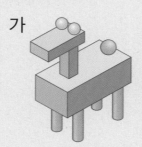   나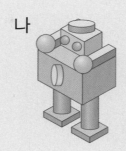

🖊 **무엇을 쓸까?** ❶ 가와 나는 ⬜ 모양과 ⬭ 모양을 각각 몇 개 사용했는지 구하기

❷ ⬭ 모양을 ⬜ 모양보다 더 많이 사용한 것을 찾아 기호 쓰기

풀이 ....

....

....

답 ....

2

4-3

오른쪽 모양을 만드는 데 ⬜ 모양을 ⬭ 모양보다 몇 개 더 많이 사용했는지 구하려고 합니다. 풀이 과정을 쓰고 답을 구해 보세요.

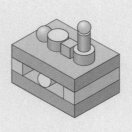

🖊 **무엇을 쓸까?** ❶ ⬜ 모양과 ⬭ 모양을 각각 몇 개 사용했는지 구하기

❷ ⬜ 모양을 ⬭ 모양보다 몇 개 더 많이 사용했는지 구하기

풀이 ....

....

답 ....

수행 평가

1 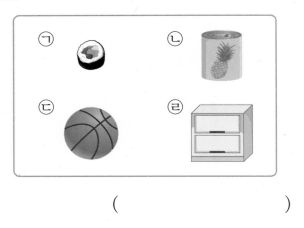 모양을 찾아 기호를 써 보세요.

(   )

2 모양이 같은 것끼리 이어 보세요.

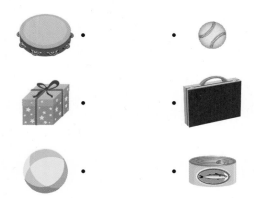

3 다음은 어떤 모양의 물건을 모아 놓은 것인지 찾아 ◯표 하세요.

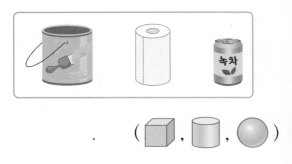

(⬜ , 🛢 , ⚪)

4 잘 굴러가지 않는 물건을 찾아 ◯표 하세요.

(   ) (   ) (   )

5 다음 모양을 만드는 데 사용한 모양을 모두 찾아 ◯표 하세요.

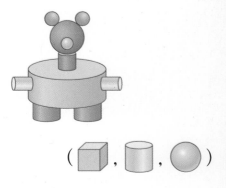

(⬜ , 🛢 , ⚪)

6 모든 부분이 다 둥글어 잘 굴러가는 물건은 몇 개일까요?

( )

7 오른쪽 모양에 대해 바르게 설명한 것을 모두 찾아 기호를 써 보세요.

> ㉠ 뾰족한 부분이 있습니다.
> ㉡ 눕혀서 굴리면 잘 굴러갑니다.
> ㉢ 전체가 둥근 모양입니다.
> ㉣ 평평한 부분이 있습니다.

( )

8 모양을 만드는 데 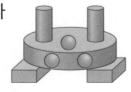 모양을 더 많이 사용한 모양을 찾아 기호를 써 보세요.

가   나

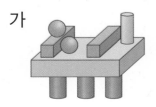

( )

9 보기 의 모양을 모두 사용하여 만든 사람은 누구일까요?

보기
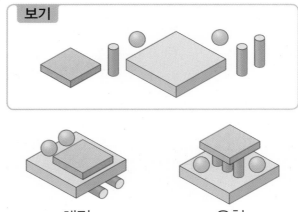

채린   우현

( )

서술형 문제
10 다음 모양을 만드는 데 가장 많이 사용한 모양을 찾아 기호를 쓰려고 합니다. 풀이 과정을 쓰고 답을 구해 보세요.

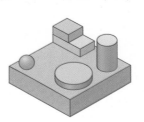

풀이

답

1

진도책 63쪽
5번 문제

그림과 같이 두 주머니에 담긴 구슬을 하나의 주머니에 모두 옮겨 담으면 구슬은 몇 개일까요?

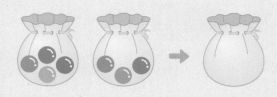

🎓 어떻게 풀었니?

두 주머니에 담긴 구슬을 모으기하면 옮겨 담은 구슬의 수를 구할 수 있는 걸 알았니?
빈칸에 알맞은 수만큼 ○를 그리고 모으기를 해 보자.

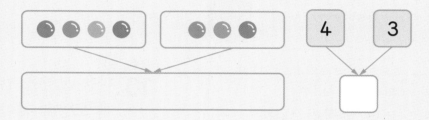

아~ 두 주머니에 담긴 구슬을 하나의 주머니에 모두 옮겨 담으면 구슬은 ☐개 구나!

2 그림과 같이 두 상자에 담긴 사과를 하나의 상자에 모두 옮겨 담으면 사과는 몇 개일까요?

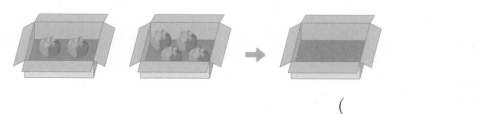

(   )

3

진도책 73쪽
33번 문제

덧셈을 해 보세요.

$1 + 6 = \boxed{}$ $2 + 5 = \boxed{}$ $3 + 4 = \boxed{}$

어떻게 풀었니?

모으기를 하여 덧셈을 해 보자!

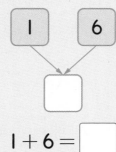   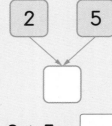   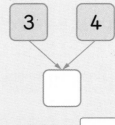

$1 + 6 = \boxed{}$ $2 + 5 = \boxed{}$ $3 + 4 = \boxed{}$

더해지는 수가 1씩 커지고 더하는 수가 1씩 작아지니까 계산 결과가 $\boxed{}$(으)로 같네.

아~ $1 + 6 = \boxed{}$, $2 + 5 = \boxed{}$, $3 + 4 = \boxed{}$(이)구나!

3

4   덧셈을 해 보세요.

(1) $1 + 4 = \boxed{}$

$2 + 3 = \boxed{}$

$3 + 2 = \boxed{}$

$4 + 1 = \boxed{}$

(2) $1 + 7 = \boxed{}$

$2 + 6 = \boxed{}$

$3 + 5 = \boxed{}$

$4 + 4 = \boxed{}$

5

진도책 81쪽
6번 문제

🔵 모양은 🛢 모양보다 몇 개 더 많은지 뺄셈식을 쓰고 ☐ 안에 알맞은 수를 써넣으세요.

🔵 모양의 수 ⬜🛢 모양의 수

☐ − ☐ = ☐

🔵 모양이 🛢 모양보다 ☐ 개 더 많습니다.

🎓 어떻게 풀었니?

🔵 모양에 ○표, 🛢 모양에 △표 하여 🔵 모양과 🛢 모양은 각각 몇 개인지 알아보고, 뺄셈식을 써 보자!

🔵 모양은 ☐ 개, 🛢 모양은 ☐ 개야.

🔵 모양은 🛢 모양보다 몇 개 더 많은지 뺄셈식을 쓰면

☐ − ☐ = ☐ (이)야.

아~ 🔵 모양은 🛢 모양보다 ☐ 개 더 많구나!

6

⬛ 모양은 🛢 모양보다 몇 개 더 많을까요?

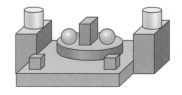

(   )

7

진도책 86쪽
23번 문제

=의 왼쪽과 오른쪽의 계산 결과가 같게 되도록 ☐ 안에 알맞은 수를 써넣으세요.

$$0 + 0 = 8 - \boxed{}$$

🎓 **어떻게 풀었니?**

=의 왼쪽을 계산한 다음 ☐ 안에 알맞은 수를 알아보자!

$0 + 0 = \boxed{}$ 이므로 $8 - \boxed{}$ 의 계산 결과도 $\boxed{}$ (이)야.

(어떤 수) − (어떤 수) = 0인 걸 알고 있지?

그럼 $8 - \boxed{} = 0$ 에서 ☐ 안에 알맞은 수는 $\boxed{}$ (이)겠네.

아~ $0 + 0 = 8 - \boxed{}$ (이)구나!

3

8 가와 나의 계산 결과가 같게 되도록 ☐ 안에 알맞은 수를 구해 보세요.

가 $\boxed{7 + 2}$ 나 $\boxed{9 - \boxed{}}$

(   )

9 가와 나의 계산 결과가 같게 되도록 ☐ 안에 알맞은 수를 구해 보세요.

가 $\boxed{6 - 0}$ 나 $\boxed{\boxed{} + 0}$

(   )

1 9까지의 수를 모으기

도미노의 점의 수를 모으기하여 8이 되는 것을 찾아 기호를 쓰려고 합니다. 풀이 과정을 쓰고 답을 구해 보세요.

✏️ 무엇을 쓸까? ❶ 도미노의 점의 수를 각각 모으기하기

❷ 모으기한 수가 8이 되는 것을 찾아 기호 쓰기

풀이 예 ㉠ 2와 7을 모으기하면 (   )이/가 됩니다.

㉡ 5와 3을 모으기하면 (   )이/가 됩니다. ··· ❶

따라서 모으기한 수가 8이 되는 것을 찾아 기호를 쓰면 (   )입니다. ··· ❷

답 _____

1-1

도미노의 점의 수를 모으기한 수가 가장 큰 것을 찾아 기호를 쓰려고 합니다. 풀이 과정을 쓰고 답을 구해 보세요.

㉠  ㉡  ㉢

✏️ 무엇을 쓸까? ❶ 도미노의 점의 수를 각각 모으기하기

❷ 모으기한 수가 가장 큰 것을 찾아 기호 쓰기

풀이 _____

_____

_____

답 _____

2 9까지의 수를 가르기

㉠과 ㉡에 알맞은 수는 각각 얼마인지 풀이 과정을 쓰고 답을 구해 보세요.

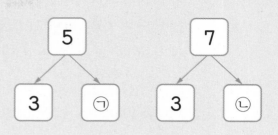

✏️ **무엇을 쓸까?** ❶ ㉠에 알맞은 수 구하기

❷ ㉡에 알맞은 수 구하기

> 5와 7을 각각 가르기하여 ㉠과 ㉡에 알맞은 수를 구해 봐.

풀이 예 5를 3과 (   )(으)로 가르기할 수 있으므로

㉠에 알맞은 수는 (   )입니다. … ❶

7을 3과 (   )(으)로 가르기할 수 있으므로 ㉡에 알맞은 수는 (   )입니다.

… ❷

답 ㉠:   , ㉡:

3

2-1

㉠과 ㉡에 알맞은 수 중에서 더 작은 수의 기호를 쓰려고 합니다. 풀이 과정을 쓰고 답을 구해 보세요.

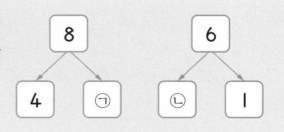

✏️ **무엇을 쓸까?** ❶ ㉠과 ㉡에 알맞은 수 각각 구하기

❷ ㉠과 ㉡에 알맞은 수 중에서 더 작은 수의 기호 쓰기

풀이

답

3 덧셈 활용하기

놀이터에 어른 4명과 어린이 5명이 있습니다. 놀이터에 있는 사람은 모두 몇 명인지 풀이 과정을 쓰고 답을 구해 보세요.

🖊 무엇을 쓸까?   ❶ 놀이터에 있는 사람은 모두 몇 명인지 구하는 덧셈식 쓰기
　　　　　　　　❷ 놀이터에 있는 사람은 모두 몇 명인지 구하기

풀이 ㉽ 놀이터에 어른이 4명, 어린이가 5명 있으므로 놀이터에 있는 사람 수

를 구하는 덧셈식을 쓰면 (　　) + (　　) = (　　)입니다. … ❶

따라서 놀이터에 있는 사람은 모두 (　　)명입니다. … ❷

답 _____

3-1 지우가 가지고 있는 연필은 몇 자루인지 풀이 과정을 쓰고 답을 구해 보세요.

윤하: 나는 연필을 5자루 가지고 있어.
지우: 나는 윤하 너보다 연필을 2자루 더 많이 가지고 있어.

🖊 무엇을 쓸까?   ❶ 지우가 가지고 있는 연필은 몇 자루인지 구하는 덧셈식 쓰기
　　　　　　　　❷ 지우가 가지고 있는 연필은 몇 자루인지 구하기

풀이 _____

_____

_____

답 _____

4 뺄셈 활용하기

호수에 오리가 8마리 있었는데 2마리가 날아갔습니다. 호수에 남은 오리는 몇 마리인지 풀이 과정을 쓰고 답을 구해 보세요.

무엇을 쓸까? ❶ 호수에 남은 오리는 몇 마리인지 구하는 뺄셈식 쓰기
❷ 호수에 남은 오리는 몇 마리인지 구하기

풀이 예 오리 8마리 중에서 2마리가 날아갔으므로 호수에 남은 오리의 수를

구하는 뺄셈식을 쓰면 (   ) − (   ) = (   )입니다. ⋯ ❶

따라서 호수에 남은 오리는 (   )마리입니다. ⋯ ❷

답 _____

3

4-1

민재가 승우보다 초콜릿을 몇 개 더 먹었는지 풀이 과정을 쓰고 답을 구해 보세요.

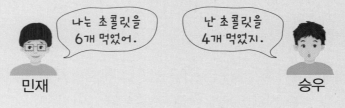

나는 초콜릿을 6개 먹었어.

난 초콜릿을 4개 먹었지.

민재

승우

무엇을 쓸까? ❶ 민재가 승우보다 초콜릿을 몇 개 더 먹었는지 구하는 뺄셈식 쓰기
❷ 민재가 승우보다 초콜릿을 몇 개 더 먹었는지 구하기

풀이 _____

_____

_____

답 _____

4-2

냉장고 안에 오렌지주스가 **2**병, 포도주스가 **6**병 있습니다. 오렌지주스와 포도주스 중에서 어느 것이 몇 병 더 많은지 풀이 과정을 쓰고 답을 구해 보세요.

🖊 **무엇을 쓸까?**
❶ 오렌지주스와 포도주스 중에서 어느 것이 더 많은지 구하기
❷ 오렌지주스의 수와 포도주스의 수의 차를 구하는 뺄셈식 쓰기
❸ 오렌지주스와 포도주스 중에서 어느 것이 몇 병 더 많은지 구하기

풀이

답 _____ ,

4-3

수호는 구슬을 **7**개 가지고 있었는데 구슬치기를 해서 **3**개를 잃었고, 찬열이는 **8**개 가지고 있었는데 **5**개를 잃었습니다. 남은 구슬은 누가 몇 개 더 많은지 풀이 과정을 쓰고 답을 구해 보세요.

🖊 **무엇을 쓸까?**
❶ 수호에게 남은 구슬은 몇 개인지 구하기
❷ 찬열이에게 남은 구슬은 몇 개인지 구하기
❸ 남은 구슬은 누가 몇 개 더 많은지 구하기

풀이

답 _____ ,

5 수 카드를 사용하여 덧셈(뺄셈)하기

수 카드에 적힌 수 중에서 가장 큰 수와 가장 작은 수의 합은 얼마인지 풀이 과정을 쓰고 답을 구해 보세요.

🖊 **무엇을 쓸까?**   ❶ 수 카드에 적힌 수 중에서 가장 큰 수와 가장 작은 수 찾기
   ❷ 가장 큰 수와 가장 작은 수의 합 구하기

풀이 ㉖ 수 카드에 적힌 수를 작은 수부터 차례로 쓰면 (   ), (   ), (   ), (   )이므로 가장 큰 수는 (   )이고, 가장 작은 수는 (   )입니다. ⋯ ❶

따라서 가장 큰 수와 가장 작은 수의 합은 (   ) + (   ) = (   )입니다. ⋯ ❷

답 _____

3

5-1 수 카드 중에서 **2**장을 골라 두 수의 차를 구하려고 합니다. 구할 수 있는 가장 큰 차는 얼마인지 풀이 과정을 쓰고 답을 구해 보세요.

🖊 **무엇을 쓸까?**   ❶ 가장 큰 차를 구하는 방법 쓰기
   ❷ 수 카드에 적힌 수 중에서 가장 큰 수와 가장 작은 수 찾기
   ❸ 가장 큰 차 구하기

풀이 _____

_____

_____

답 _____

수행 평가

1 모으기를 해 보세요.

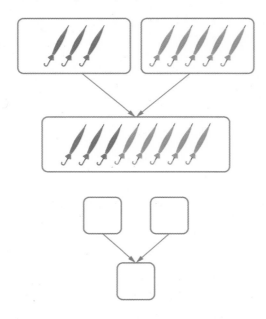

2 마시고 남은 주스는 몇 병인지 뺄셈식을 쓰고 읽어 보세요.

쓰기 ....

읽기 ....

3 상자 안에 남은 토마토는 몇 개인지 구하는 뺄셈식을 써 보세요.

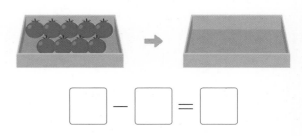

$$\square - \square = \square$$

4 두 수를 모으기하고 덧셈식을 써 보세요.

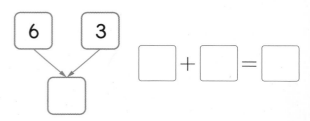

$$\square + \square = \square$$

5 ○ 안에 +, − 를 알맞게 써넣으세요.

(1) 4 ◯ 2 = 6, 4 ◯ 2 = 2

(2) 7 ◯ 1 = 6, 7 ◯ 1 = 8

6 계산 결과가 큰 것부터 순서대로 ○ 안에 1, 2, 3을 써넣으세요.

9 ●와 ◆에 알맞은 수를 모으기하면 얼마일까요?

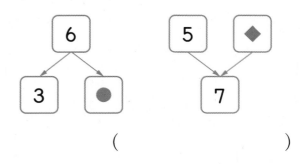

(　　　　　　　　　)

7 세 수를 모두 이용하여 덧셈식과 뺄셈식을 만들어 보세요.

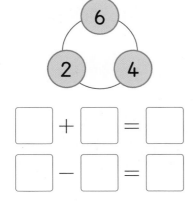

$$\square + \square = \square$$
$$\square - \square = \square$$

서술형 문제

10 수족관에 금붕어는 5마리 있고 잉어는 금붕어보다 2마리 더 적게 있습니다. 수족관에 있는 금붕어와 잉어는 모두 몇 마리인지 풀이 과정을 쓰고 답을 구해 보세요.

풀이

답

8 주머니에 검은색 바둑돌이 4개, 흰색 바둑돌이 3개 들어 있습니다. 주머니에 들어 있는 바둑돌은 모두 몇 개일까요?

(　　　　　　　　　)

1

진도책 109쪽
4번 문제

은호와 지윤이의 줄넘기 줄입니다. 누구의 줄넘기 줄이 더 길까요?

어떻게 풀었니?

구부러진 줄넘기 줄을 펴서 길이를 비교해 보자!

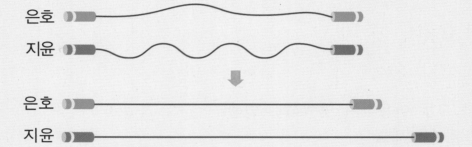

양쪽 끝이 맞추어져 있으니까 줄넘기 줄이 (많이 , 적게) 구부러져 있을수록 폈을 때 더 길어.

더 많이 구부러져 있는 줄넘기 줄을 가진 사람은 □(이)야.

아~ □(이)의 줄넘기 줄이 더 길구나!

2 효석이와 희준이가 가지고 있는 줄입니다. 누구의 줄이 더 길까요?

(   )

3

진도책 111쪽
11번 문제

각각의 상자 위에서 잠을 잔 동물을 찾아 이어 보세요.

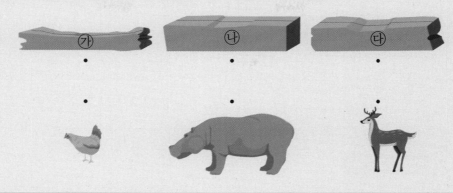

😊 **어떻게 풀었니?**

찌그러진 상자와 동물의 무게를 비교해 보자!

상자가 많이 찌그러질수록 더 (무거운 , 가벼운) 동물이 잠을 잤어.

닭, 하마, 사슴의 무게를 비교하여 무거운 동물부터 차례로 쓰면 ☐ , ☐ ,

☐ (이)야.

가장 많이 찌그러진 ㉮ 상자 위에서 ☐ 이/가 잠을 잤고, 가장 적게 찌그러진

㉯ 상자 위에서 ☐ 이/가 잠을 잤겠네.

아~ ㉮ 상자와 ☐ , ㉯ 상자와 ☐ , ㉰ 상자와 ☐ 을/를 이으면 되겠구나!

4

각각의 상자 위에 올라갔던 동물을 찾아 이어 보세요.

4

5 한 칸의 넓이는 모두 같습니다. 보기 보다 더 넓은 것에 ○표 하세요.

진도책 112쪽
15번 문제

보기

( ) ( )

👨‍🎓 어떻게 풀었니?

칸 수를 세어 넓이를 비교해 보자!

보기 ☐칸 ☐칸 ☐칸

한 칸의 넓이가 모두 같으니까 칸 수가 많을수록 더 넓어.
보기 보다 칸 수가 더 많은 것은 (왼쪽 , 오른쪽)에 있는 거야.
아~ 보기 보다 더 넓은 것은 (왼쪽 , 오른쪽)에 있는 거구나!

6 한 칸의 넓이는 모두 같습니다. 보기 보다 더 넓은 것을 찾아 기호를 써 보세요.

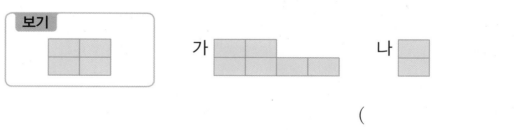

( )

7 한 칸의 넓이는 모두 같습니다. 보기 보다 더 좁은 것을 찾아 기호를 써 보세요.

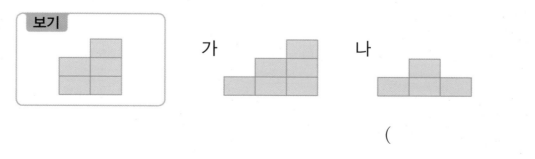

( )

8

진도책 115쪽
22번 문제

윤미, 선우, 민지는 똑같은 컵에 주스를 가득 담아 각각 마셨습니다. 남은 주스가 다음과 같을 때 주스를 가장 적게 마신 사람은 누구일까요?

윤미   선우   민지

😊 **어떻게 풀었니?**

윤미, 선우, 민지가 마신 주스만큼 색칠하고, 마신 주스의 양과 남은 주스의 양을 비교해 보자!

윤미   선우   민지

주스를 (적게 , 많이) 마실수록 컵에 남은 주스의 양이 더 많아.

컵의 모양과 크기가 같으므로 주스의 높이가 가장 높은 컵에 주스가 가장

(적게 , 많이) 남아 있어.

남은 주스의 높이를 비교하면 [   ]의 컵에 남은 주스의 양이 가장 많아.

아~ 주스를 가장 적게 마신 사람은 [   ]구나!

9

성연, 우빈, 종훈이가 똑같은 컵에 물을 가득 담아 각각 마셨습니다. 남은 물이 다음과 같을 때 물을 가장 많이 마신 사람은 누구일까요?

성연   우빈   종훈

(   )

4

🖹 쓰기 쉬운 서술형

1 **키 비교하기**

키가 더 작은 것은 어느 것인지 풀이 과정을 쓰고 답을 구해 보세요.

국화   튤립

🖊 **무엇을 쓸까?** ① 아래쪽이 맞추어진 국화와 튤립의 위쪽 비교하기
② 키가 더 작은 것 찾기

풀이 예 아래쪽이 맞추어져 있으므로 위쪽으로 더 적게 올라간 것을 찾으면
(   )입니다. … ①
따라서 키가 더 작은 것은 (   )입니다. … ②

답 _____

1-1 키가 더 큰 사람은 누구인지 풀이 과정을 쓰고 답을 구해 보세요.

현서   시형

🖊 **무엇을 쓸까?** ① 위쪽이 맞추어진 두 사람의 아래쪽 비교하기
② 키가 더 큰 사람 찾기

풀이 _____

_____

답 _____

2 길이 비교하기

필통에 넣을 수 있는 것은 어느 것인지 풀이 과
정을 쓰고 답을 구해 보세요.

필통
형광펜
나무젓가락

🖊 **무엇을 쓸까?** ❶ 필통에 넣을 수 있는 것을 찾는 방법 알아보기
❷ 필통에 넣을 수 있는 것 찾기

풀이 ㉠ 필통보다 더 (짧은 , 긴) 것을 필통에 넣을 수 있습니다. ⋯ ❶

왼쪽 끝이 맞추어져 있으므로 오른쪽 끝을 비교하면 필통에 넣을 수 있는 것은

(   )입니다. ⋯ ❷

답 _____

4

2-1 필통에 넣을 수 없는 것은 어느 것인지 풀이 과정을
쓰고 답을 구해 보세요.

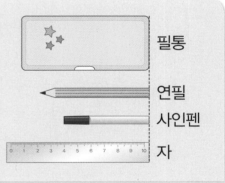

필통
연필
사인펜
자

🖊 **무엇을 쓸까?** ❶ 필통에 넣을 수 없는 것을 찾는 방법 알아보기
❷ 필통에 넣을 수 없는 것 찾기

풀이 _____

_____

_____

답 _____

3 늘어난 길이로 무게 비교하기

똑같은 고무줄에 물건을 매달았더니 오른쪽과 같이 고무줄이 늘어났습니다. 지갑과 풀 중에서 더 무거운 물건은 어느 것인지 풀이 과정을 쓰고 답을 구해 보세요.

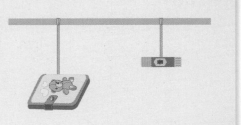

✏ 무엇을 쓸까? ❶ 고무줄에 매달린 물건의 무게를 비교하는 방법 알아보기
❷ 더 무거운 물건 찾기

풀이 예 고무줄이 (길게 , 짧게) 늘어날수록 더 무거운 물건입니다. ⋯ ❶

지갑과 풀 중에서 고무줄이 더 길게 늘어난 것은 (　　　)입니다.

따라서 지갑과 풀 중에서 더 무거운 물건은 (　　　)입니다. ⋯ ❷

답 _____

3-1

똑같은 용수철에 물건을 매달았더니 오른쪽과 같이 용수철이 늘어났습니다. 신발주머니, 물통, 책가방 중에서 가장 무거운 물건은 어느 것인지 풀이 과정을 쓰고 답을 구해 보세요.

✏ 무엇을 쓸까? ❶ 용수철에 매달린 물건의 무게를 비교하는 방법 알아보기
❷ 가장 무거운 물건 찾기

풀이 _____

_____

_____

답 _____

4 넓이 비교하기

한 칸의 넓이가 모두 같습니다. ㉮와 ㉯ 중에서 더 넓은 것은 어느 것인지 풀이 과정을 쓰고 답을 구해 보세요.

🖊 **무엇을 쓸까?** ❶ ㉮와 ㉯의 칸 수 각각 구하기

❷ ㉮와 ㉯ 중에서 더 넓은 것 찾기

> 한 칸의 넓이가 같을 경우
> 칸 수를 세어 넓이를 비교해 봐.

풀이 **예** 한 칸의 넓이가 모두 같으므로 칸 수가 많을수록 더 넓습니다.

칸 수를 세면 ㉮는 (　　　)칸, ㉯는 (　　　)칸입니다. ··· ❶

따라서 ㉮와 ㉯ 중에서 더 넓은 것은 (　　　)입니다. ··· ❷

답 _____

4-1

한 칸의 넓이가 모두 같습니다. 넓은 것부터 차례로 기호를 쓰려고 합니다. 풀이 과정을 쓰고 답을 구해 보세요.

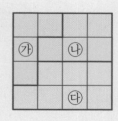

🖊 **무엇을 쓸까?** ❶ ㉮, ㉯, ㉰의 칸 수 각각 구하기

❷ 넓은 것부터 차례로 기호 쓰기

풀이 _____

_____

_____

답 _____

5 담긴 양 비교하기

물이 가장 많이 담긴 것을 찾아 기호를 쓰려고 합니다. 풀이 과정을 쓰고 답을 구해 보세요.

가 나 다

🖊 **무엇을 쓸까?**　❶ 모양과 크기가 같은 그릇에 담긴 물의 양을 비교하는 방법 알아보기
❷ 물이 가장 많이 담긴 것을 찾아 기호 쓰기

풀이 　예 그릇의 모양과 크기가 같으므로 물의 높이가 높을수록 물이 더 많이 담겨 있습니다. … ❶ 물의 높이가 가장 높은 것을 찾아 기호를 쓰면 (　　　)입니다. 따라서 물이 가장 많이 담긴 것을 찾아 기호를 쓰면 (　　　)입니다. … ❷

답 ＿＿＿＿＿＿＿

5-1

초콜릿 우유가 가장 적게 담긴 것을 찾아 기호를 쓰려고 합니다. 풀이 과정을 쓰고 답을 구해 보세요.

가 나 다

🖊 **무엇을 쓸까?**　❶ 높이가 같은 초콜릿 우유의 양을 비교하는 방법 알아보기
❷ 초콜릿 우유가 가장 적게 담긴 것을 찾아 기호 쓰기

풀이 ＿＿＿＿＿＿＿＿＿＿＿＿＿＿＿＿＿

＿＿＿＿＿＿＿＿＿＿＿＿＿＿＿＿＿

＿＿＿＿＿＿＿＿＿＿＿＿＿＿＿＿＿

답 ＿＿＿＿＿＿＿

6 무게 비교하기

가장 무거운 사람은 누구인지 풀이 과정을 쓰고 답을 구해 보세요.

경하   현희   경하   진아

무엇을 쓸까? ❶ 경하와 현희, 경하와 진아의 무게를 각각 비교하기
❷ 가장 무거운 사람 찾기

풀이 **예** 경하는 현희보다 더 (무겁습니다 , 가볍습니다).

진아는 경하보다 더 (무겁습니다 , 가볍습니다). … ❶

따라서 가장 무거운 사람은 (   )입니다. … ❷

답

6-1 가장 가벼운 사람은 누구인지 풀이 과정을 쓰고 답을 구해 보세요.

은서   재현   세미   재현

무엇을 쓸까? ❶ 은서와 재현, 세미와 재현이의 무게를 각각 비교하기
❷ 가장 가벼운 사람 찾기

풀이

답

수행 평가

1 더 긴 것에 ○표 하세요.

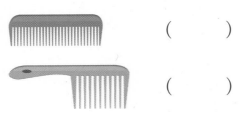

(   )

(   )

2 관계있는 것끼리 이어 보세요.

• 더 가볍다

• 더 무겁다

3 물이 더 많이 담긴 것에 ○표 하세요.

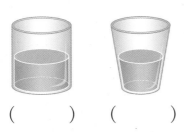

(   )   (   )

4 키가 가장 큰 쪽에 ○표, 가장 작은 쪽에 △표 하세요.

(   ) (   ) (   )

5 담을 수 있는 양이 많은 순서대로 1, 2, 3을 써 보세요.

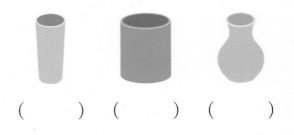

(   ) (   ) (   )

6 똑같은 용수철에 물건을 매달았더니 다음과 같이 용수철이 늘어났습니다. 모자와 시계 중에서 더 무거운 물건은 어느 것일까요?

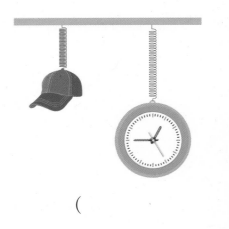

(   )

7 물통 ⑦에 물을 가득 채워 물통 ④에 부었더니 그림과 같이 되었습니다. ⑦와 ④ 중에서 더 적은 양의 물을 담을 수 있는 물통은 어느 것일까요?

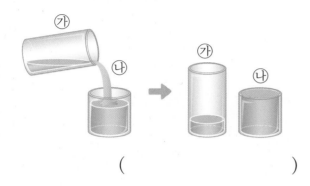

( )

8 색연필보다 더 긴 물건은 모두 몇 개일까요?

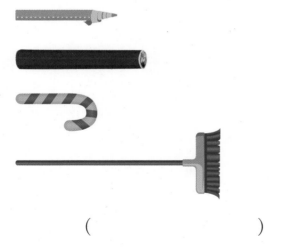

( )

9 과학실, 도서실, 미술실 중에서 어느 곳이 가장 좁을까요?

> 과학실은 도서실보다 더 좁고 미술실보다 더 넓습니다.

( )

서술형 문제
10 소정이는 집에서 도서관까지 가려고 합니다. ⑦와 ④ 중에서 어느 길이 더 가까운지 풀이 과정을 쓰고 답을 구해 보세요.

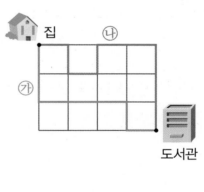

풀이 _____

_____

_____

답 _____

1

진도책 128쪽
4번 문제

□ 안에 알맞은 수를 써넣으세요.

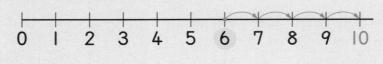

10은 6보다 ☐ 만큼 더 큰 수입니다.

어떻게 풀었니?

6에서 몇 칸을 가야 10이 되는지 알아보자!

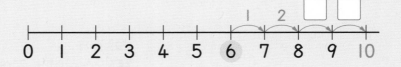

6에서 오른쪽으로 ☐ 칸을 가면 10이 되네.

아~ 10은 6보다 ☐ 만큼 더 큰 수구나!

2

□ 안에 알맞은 수를 써넣으세요.

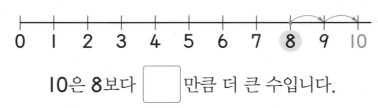

10은 8보다 ☐ 만큼 더 큰 수입니다.

3

□ 안에 알맞은 수를 써넣으세요.

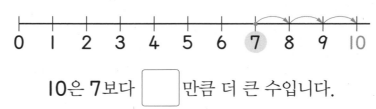

10은 7보다 ☐ 만큼 더 큰 수입니다.

4

진도책 132쪽
17번 문제

모으기를 하여 I3이 되는 두 수를 찾아 ○표 하세요.

| 6 | 4 | 7 |

 어떻게 풀었니?

6과 4, 6과 7, 4와 7 중에서 모으기를 하여 I3이 되는 두 수를 찾아야 하는 걸 알았니?

모으기를 하여 I3이 되는 두 수를 찾아보자.

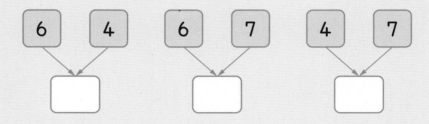

아~ 모으기를 하여 I3이 되는 두 수는 [ ]와/과 [ ](이)구나!

5 모으기를 하여 I6이 되는 두 수를 찾아 색칠해 보세요.

6 모으기를 하여 I4가 되는 두 수를 찾아 색칠해 보세요.

7 으로 오른쪽 모양을 몇 개 만들 수 있을까요?

진도책 139쪽
5번 문제

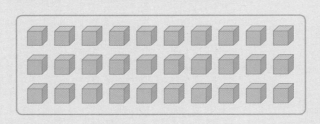

👨‍🎓 **어떻게 풀었니?**

오른쪽 모양을 만드는 데 필요한 🧊 과 주어진 🧊 은 각각 몇 개인지 알아보자!

 ☐ 개

주어진 🧊 을 10개씩 묶고 수를 세어 봐.

 ☐ 개

☐ 은/는 10개씩 묶음이 ☐ 개야.

아~ 주어진 🧊 으로 오른쪽 모양을 ☐ 개 만들 수 있구나!

8 으로 보기 의 모양을 몇 개 만들 수 있을까요?

보기

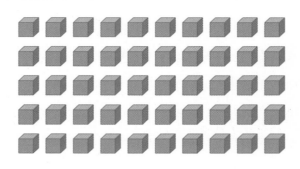

(   )

9

진도책 145쪽
24번 문제

40부터 50까지의 수 중에서 보기 의 수보다 큰 수를 모두 써 보세요.

보기
10개씩 묶음 **4**개와 낱개 **6**개인 수

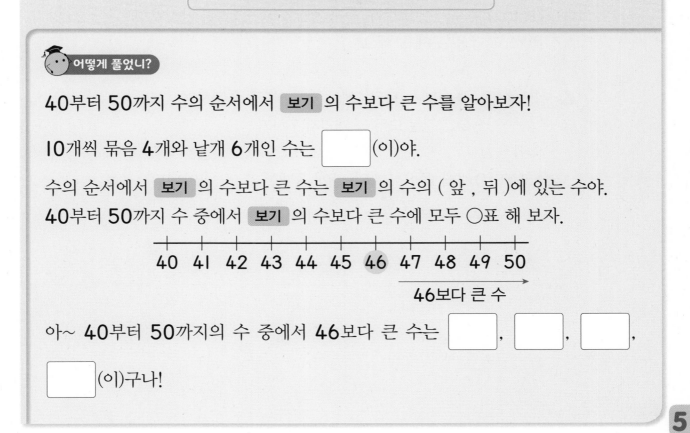

어떻게 풀었니?

40부터 **50**까지 수의 순서에서 보기 의 수보다 큰 수를 알아보자!

10개씩 묶음 **4**개와 낱개 **6**개인 수는 ☐(이)야.

수의 순서에서 보기 의 수보다 큰 수는 보기 의 수의 (앞 , 뒤)에 있는 수야.

40부터 **50**까지 수 중에서 보기 의 수보다 큰 수에 모두 ○표 해 보자.

40 41 42 43 44 45 **46** 47 48 49 50

→ **46**보다 큰 수

아~ **40**부터 **50**까지의 수 중에서 **46**보다 큰 수는 ☐, ☐, ☐,

☐(이)구나!

5

10 **20**부터 **30**까지의 수 중에서 보기 의 수보다 큰 수를 모두 써 보세요.

보기
10개씩 묶음 **2**개와 낱개 **7**개인 수

(   )

11 **30**부터 **40**까지의 수 중에서 보기 의 수보다 작은 수는 모두 몇 개일까요?

보기
10개씩 묶음 **3**개와 낱개 **4**개인 수

(   )

1

십몇 알아보기

달걀이 10개씩 묶음 1개와 낱개 8개가 있습니다. 달걀은 모두 몇 개인지 풀이 과정을 쓰고 답을 구해 보세요.

> **🖋 무엇을 쓸까?**   ❶ 10개씩 묶음 1개와 낱개 8개인 수 구하기
> ❷ 달걀은 모두 몇 개인지 구하기

풀이 ⑩ 10개씩 묶음 1개와 낱개 8개는 ( )입니다. ⋯ ❶

따라서 달걀은 모두 ( )개입니다. ⋯ ❷

답 _____

1-1

지후는 공깃돌을 10개씩 묶음 1개와 낱개 4개를 가지고 있습니다. 지후가 가지고 있는 공깃돌의 수를 두 가지 방법으로 읽으려고 합니다. 풀이 과정을 쓰고 답을 구해 보세요.

> **🖋 무엇을 쓸까?**   ❶ 10개씩 묶음 1개와 낱개 4개인 수 구하기
> ❷ 지후가 가지고 있는 공깃돌의 수 구하기
> ❸ 지후가 가지고 있는 공깃돌의 수를 두 가지 방법으로 읽기

풀이 _____

_____

_____

답 _____ , _____

2

10개씩 묶어 세기

윤재는 색종이를 10장씩 3묶음 가지고 있습니다. 윤재가 가지고 있는 색종이는 모두 몇 장인지 풀이 과정을 쓰고 답을 구해 보세요.

> 🖉 **무엇을 쓸까?** ❶ 10개씩 묶음 3개인 수 구하기
> ❷ 윤재가 가지고 있는 색종이는 모두 몇 장인지 구하기
>
> 10개씩 묶음 ■개는 ■0이야.

풀이 예 10개씩 묶음 3개는 ( )입니다. ··· ❶

따라서 윤재가 가지고 있는 색종이는 모두 ( )장입니다. ··· ❷

답

5

2-1

곶감 50개를 사려고 합니다. 한 상자에 10개씩 들어 있는 곶감을 몇 상자 사야 하는지 풀이 과정을 쓰고 답을 구해 보세요.

> 🖉 **무엇을 쓸까?** ❶ 50은 10개씩 묶음이 몇 개인지 구하기
> ❷ 곶감을 몇 상자 사야 하는지 구하기

풀이

답

3

50까지의 수 알아보기

나타내는 수가 다른 하나를 찾아 기호를 쓰려고 합니다. 풀이 과정을 쓰고 답을 구해 보세요.

> ㉠ 스물셋   ㉡ 32
> ㉢ 10개씩 묶음 3개와 낱개 2개

✍ **무엇을 쓸까?** ❶ ㉠과 ㉢이 나타내는 수를 각각 구하기

❷ 나타내는 수가 다른 하나를 찾아 기호 쓰기

> 10개씩 묶음 ■개와
> 낱개 ▲개는 ■▲야.

풀이 예 ㉠ 스물셋을 수로 쓰면 (   )입니다.

㉢ 10개씩 묶음 3개와 낱개 2개는 (   )입니다. ··· ❶

따라서 나타내는 수가 다른 하나를 찾아 기호를 쓰면 (   )입니다. ··· ❷

답 _____

3-1

나타내는 수가 다른 하나를 찾아 기호를 쓰려고 합니다. 풀이 과정을 쓰고 답을 구해 보세요.

> ㉠ 45   ㉡ 서른다섯
> ㉢ 10개씩 묶음 3개와 낱개 15개

✍ **무엇을 쓸까?** ❶ ㉡과 ㉢이 나타내는 수를 각각 구하기

❷ 나타내는 수가 다른 하나를 찾아 기호 쓰기

풀이 _____

_____

_____

답 _____

4 **50까지 수의 순서 알아보기**

25와 29 사이에 있는 수는 모두 몇 개인지 풀이 과정을 쓰고 답을 구해 보세요.

 무엇을 쓸까? ❶ 25와 29 사이에 있는 수를 모두 구하기

❷ 25와 29 사이에 있는 수는 모두 몇 개인지 구하기

> 25와 29 사이에 있는 수에는 25와 29가 포함되지 않아.

풀이 예 **25**부터 **29**까지의 수를 순서대로 쓰면

25, (　　　), (　　　), (　　　), **29**이므로

25와 29 사이에 있는 수는 (　　　), (　　　), (　　　)입니다. ⋯ ❶

따라서 25와 29 사이에 있는 수는 모두 (　　　)개입니다. ⋯ ❷

답 _____

4-1 선경이와 준수는 은행에서 번호표를 뽑았습니다. 선경이의 번호는 **39**번이고, 준수의 번호는 **46**번입니다. 선경이와 준수의 번호 사이에 있는 사람은 모두 몇 명인지 풀이 과정을 쓰고 답을 구해 보세요.

무엇을 쓸까? ❶ 39와 46 사이에 있는 수를 모두 구하기

❷ 선경이와 준수의 번호 사이에 있는 사람은 모두 몇 명인지 구하기

풀이 _____

_____

_____

_____

답 _____

5 어느 수가 더 큰지 알아보기

카드를 유정이는 35장 모았고, 연희는 42장 모았습니다. 카드를 더 많이 모은 사람은 누구인지 풀이 과정을 쓰고 답을 구해 보세요.

✎ 무엇을 쓸까? ❶ 35와 42의 크기를 비교하여 더 큰 수 찾기
❷ 카드를 더 많이 모은 사람 찾기

풀이 예 35와 42의 10개씩 묶음의 수를 비교하면 (   )가 (   )보다 큽니다. ⋯ ❶

따라서 카드를 더 많이 모은 사람은 (   )(이)입니다. ⋯ ❷

답 _____

5-1

오이는 38개가 있고, 당근은 서른여섯 개가 있습니다. 오이와 당근 중에서 더 적은 채소는 어느 것인지 풀이 과정을 쓰고 답을 구해 보세요.

✎ 무엇을 쓸까? ❶ 서른여섯을 수로 쓰기
❷ 오이와 당근의 수의 크기를 비교하여 더 작은 수 찾기
❸ 오이와 당근 중에서 더 적은 채소 찾기

풀이 _____

_____

_____

답 _____

5-2

구슬을 병현이는 **34**개, 명찬이는 **21**개, 윤서는 **36**개 가지고 있습니다. 구슬을 가장 많이 가지고 있는 사람은 누구인지 풀이 과정을 쓰고 답을 구해 보세요.

무엇을 쓸까? ❶ 34, 21, 36의 크기를 비교하여 가장 큰 수 찾기

❷ 구슬을 가장 많이 가지고 있는 사람 찾기

풀이

답

5-3

체육관에 공이 다음과 같이 있습니다. 가장 적은 공은 어느 것인지 풀이 과정을 쓰고 답을 구해 보세요.

	야구공	축구공	농구공
공의 수	마흔일곱	삼십이	서른아홉

무엇을 쓸까? ❶ 마흔일곱, 삼십이, 서른아홉을 각각 수로 쓰기

❷ 야구공, 축구공, 농구공의 수의 크기를 비교하여 가장 작은 수 찾기

❸ 야구공, 축구공, 농구공 중에서 가장 적은 공 찾기

풀이

답

수행 평가

1 다음을 수로 쓰고, 두 가지 방법으로 읽어 보세요.

> 9보다 1만큼 더 큰 수

쓰기 (   )

읽기 (,   )

2 알맞게 이어 보세요.

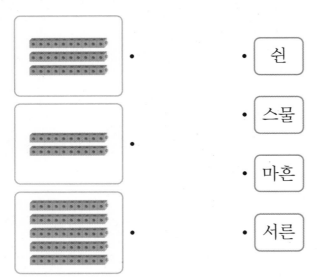

- 쉰
- 스물
- 마흔
- 서른

3 10개씩 묶고 수로 나타내 보세요.

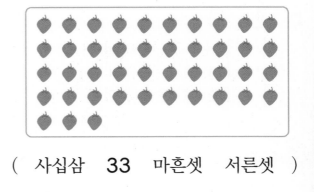

4 그림과 관계있는 것에 모두 ○표 하세요.

(사십삼   **33**   마흔셋   서른셋)

5 더 큰 수에 ○표 하세요.

46	48

정답과 풀이 42쪽

점수　　확인

6 사용한 블록은 모두 몇 개일까요?

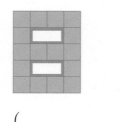

(　　　　　)

7 38에 대한 설명으로 잘못된 것을 찾아 기호를 써 보세요.

> ㉠ 3은 30을 나타냅니다.
> ㉡ 40보다 1만큼 더 작은 수입니다.
> ㉢ 30보다 8만큼 더 큰 수입니다.

(　　　　　)

8 구슬을 준서는 29개 가지고 있고, 은혜는 31개 가지고 있습니다. 구슬을 더 많이 가지고 있는 사람은 누구일까요?

(　　　　　)

9 다음에서 설명하는 수는 모두 몇 개일까요?

> • 27보다 큽니다.
> • 32보다 작습니다.

(　　　　　)

서술형 문제

10 2장의 수 카드를 빈칸에 한 번씩 놓아 몇십몇을 만들려고 합니다. 만들 수 있는 몇십몇 중에서 더 큰 수는 무엇인지 풀이 과정을 쓰고 답을 구해 보세요.

[2] [4] 　 [　] [　]

풀이 ....

....

....

....

답 ....

5

총괄 평가

1 수를 두 가지 방법으로 읽어 보세요.

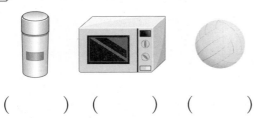

(   ), (   )

2 ⬜ 모양을 찾아 ○표 하세요.

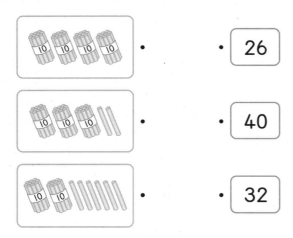

(   ) (   ) (   )

3 알맞게 이어 보세요.

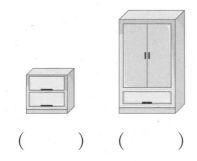

4 더 높은 것에 ○표 하세요.

(   ) (   )

5 모양이 다른 것을 찾아 ○표 하세요.

(   ) (   ) (   )

6 수를 잘못 읽은 사람은 누구일까요?

> 하민: 내 나이는 십 살이야.
> 진아: 나는 **3**학년 십 반이야.
> 윤서: 나는 턱걸이를 열 번 했어.

(   )

7 오이의 수보다 **1**만큼 더 큰 수에 ○표, **1**만큼 더 작은 수에 △표 하세요.

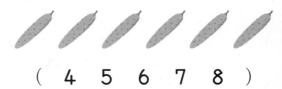

(4   5   6   7   8   )

8 덧셈을 해 보세요.

$2 + 7 =$ ☐

$3 + 6 =$ ☐

$4 + 5 =$ ☐

9 연우와 수현이가 똑같은 컵에 물을 가득 담아 각각 마셨습니다. 남은 물이 다음과 같을 때 물을 더 많이 마신 사람은 누구일까요?

연우   수현

(   )

10 순서에 맞게 ☐ 안에 알맞은 수를 써넣으세요.

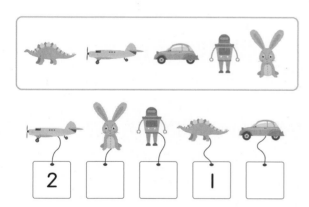

| 2 | | | 1 | |

11 가장 무거운 동물은 어떤 동물일까요?

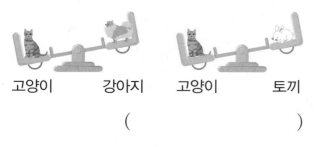

고양이   강아지   고양이   토끼

(   )

12 잘 쌓을 수 있는 물건은 모두 몇 개일까요?

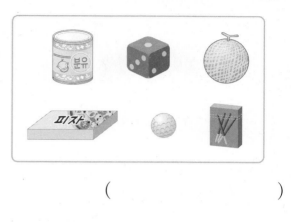

(   )

13 수를 순서대로 이어 보고, 더 넓은 쪽에 ○표 하세요.

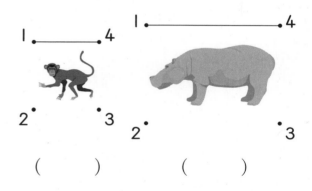

(   )   (   )

14 공연장 자리 안내 그림입니다. 41번 자리에 ○표 하세요.

총괄 평가

15 오른쪽에서 넷째에 있는 과일은 왼쪽에서 몇째에 있을까요?

( )

16 ㉠과 ㉡에 알맞은 수의 차를 구해 보세요.

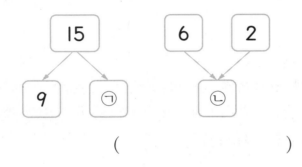

( )

17 다음 조건을 만족하는 수를 모두 써 보세요.

> • 20보다 큰 수
> • 10개씩 묶음 2개와 낱개 5개인 수보다 작은 수

( )

18 3장의 수 카드 중에서 2장을 골라 두 수의 합을 구하려고 합니다. 구할 수 있는 가장 큰 합을 구해 보세요.

5 2 3

( )

19 가장 많이 사용한 모양을 찾아 기호를 쓰려고 합니다. 풀이 과정을 쓰고 답을 구해 보세요.

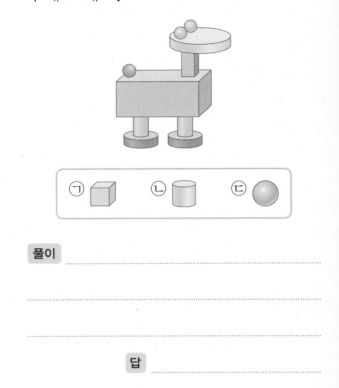

풀이

답

20 지민이네 집에 사과가 7개 있었는데 그 중에서 4개를 먹었습니다. 남은 사과는 몇 개인지 풀이 과정을 쓰고 답을 구해 보세요.

풀이

답

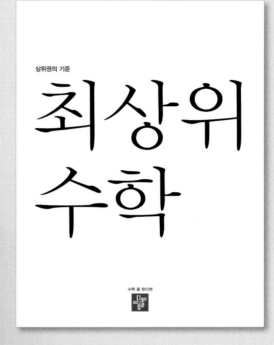

상위권의 기준

최상위
수학

수학 좀 한다면
디딤돌

상위권의 기준

최상위
수학
S

수학 좀 한다면
디딤돌

한걸음 한걸음 디딤돌을 걷다 보면
수학이 완성됩니다.

개념 다지기
원리, 기본

초등수학 원리
초등수학 기본

문제해결력 강화
문제유형, 응용

초등수학 문제유형
초등수학 응용

심화 완성
최상위 수학S, 최상위 수학

최상위 수학 S
최상위 수학

연산 개념 다지기
디딤돌 연산

디딤돌 연산은 수학이다.

개념+문제해결력 강화를 동시에
기본+유형, 기본+응용

초등수학 기본+유형
초등수학 기본+응용

상위권의 힘, 사고력 강화
최상위 사고력

최상위 사고력

개념 이해   개념 응용   개념 확장

학습 능력과 목표에 따라
맞춤형이 가능한 디딤돌 초등 수학

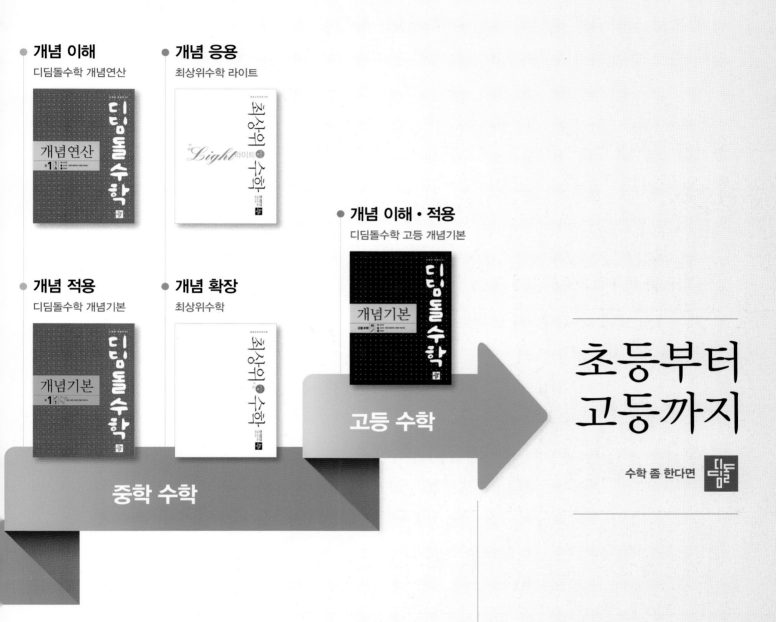

개념 이해
디딤돌수학 개념연산

개념 응용
최상위수학 라이트

개념 적용
디딤돌수학 개념기본

개념 확장
최상위수학

개념 이해 · 적용
디딤돌수학 고등 개념기본

고등 수학

중학 수학

초등부터
고등까지

수학 좀 한다면

개념을 이해하고, 깨우치고, 꺼내 쓰는
올바른 중고등 개념 학습서

수능까지 연결되는 독해 로드맵

디딤돌 독해력은 수능까지 연결되는 체계적인 라인업을 통하여

수능에서 요구하는 핵심 독해 원리에 대한 이해는 물론,

단계 별로 심화되며 연결되는 학습의 과정을 통해

깊이 있고 종합적인 독해 사고의 능력까지 기를 수 있도록 도와줍니다.

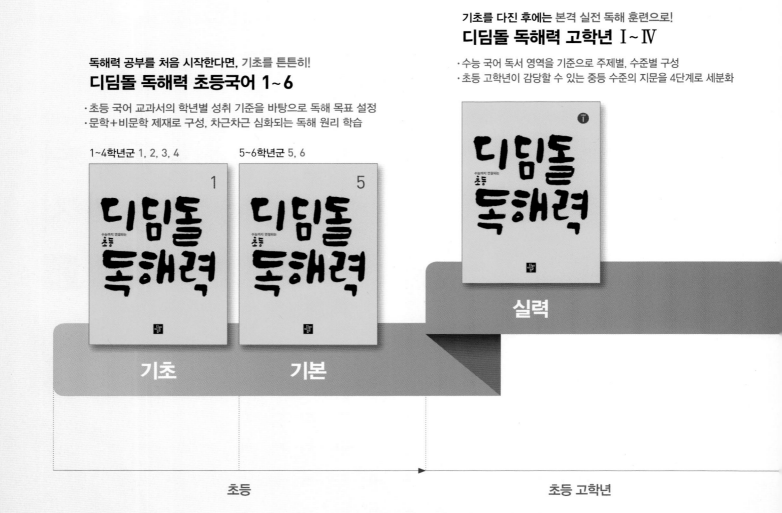

기초를 다진 후에는 본격 실전 독해 훈련으로!
디딤돌 독해력 고학년 Ⅰ~Ⅳ

· 수능 국어 독서 영역을 기준으로 주제별, 수준별 구성
· 초등 고학년이 감당할 수 있는 중등 수준의 지문을 4단계로 세분화

독해력 공부를 처음 시작한다면, 기초를 튼튼히!
디딤돌 독해력 초등국어 1~6

· 초등 국어 교과서의 학년별 성취 기준을 바탕으로 독해 목표 설정
· 문학+비문학 제재로 구성, 차근차근 심화되는 독해 원리 학습

1~4학년군 1, 2, 3, 4   5~6학년군 5, 6

실력

기초   기본

초등   초등 고학년

기본 | 정답과 풀이

수학 좀 한다면

디딤돌

$\dfrac{1}{1}$

1 9까지의 수

수 개념을 도입하고 한 자리 수를 읽고 쓰며 활용하는 학습입니다. 학교에 오기 전에 가졌던 다양한 수 세기의 경험을 활용하여 9까지의 사물의 개수를 직접 세어 보는 활동을 한 후 수 개념을 도입하고, 물건의 수량이나 순서를 나타내기 위해서 수를 이용하는 경험을 하게 됩니다.
사물의 성질이 달라도 개수라는 측면에서 수가 같음을 인식하여 수 개념을 구성하고, 수가 필요한 상황을 통하여 수를 이용했을 때의 편리함을 인식할 수 있도록 지도해 주세요.

교과서 개념 이해 **1** 1부터 5까지의 수를 알아봐. 8쪽

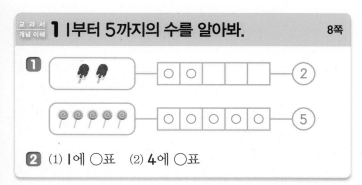

1 ❶
2 (1) 1에 ○표 (2) 4에 ○표

❶ • 아이스크림은 하나, 둘이므로 2입니다.
  • 막대 사탕은 하나, 둘, 셋, 넷, 다섯이므로 5입니다.

❷ (1) 기린은 하나이므로 1입니다.
  (2) 펭귄은 하나, 둘, 셋, 넷이므로 4입니다.

교과서 개념 이해 **2** 6부터 9까지의 수를 알아봐. 9쪽

❶ (1) 7 (2) 9
❷ (1) 육에 ○표 (2) 여덟에 ○표

❶ (1) 당근은 일곱(칠)이므로 7이라고 씁니다.
  (2) 오이는 아홉(구)이므로 9라고 씁니다.

❷ (1) 6은 육 또는 여섯이라고 읽습니다.
  (2) 8은 팔 또는 여덟이라고 읽습니다.

교과서 개념 이해 **3** 몇째는 순서를 나타내는 말이야. 10쪽

❶ (위에서부터) 3, 6, 8 / 넷째, 여섯째, 일곱째, 아홉째
❷ (1) 넷 (2) 여섯

---

❶ 왼쪽에서부터 첫째, 둘째, 셋째, 넷째, 다섯째, 여섯째, 일곱째, 여덟째, 아홉째입니다.

❷ (1) 왼쪽에서부터 순서를 세어 보면 지후는 넷째에 서 있습니다.
  (2) 오른쪽에서부터 순서를 세어 보면 지후는 여섯째에 서 있습니다.
  참고 | 왼쪽에서부터인지 오른쪽에서부터인지 주의하여 순서를 알아 봅니다.

교과서 개념 이해 **4** 1 다음에는 2, 2 다음에는 3, 3 다음에는 4야. 11쪽

❶ (1) 2, 4 (2) 7, 8

❷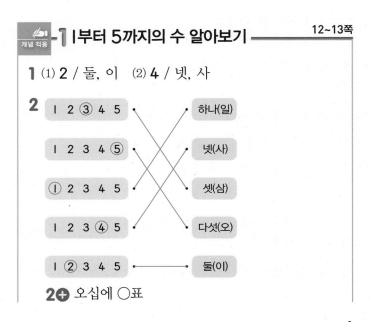

❶ (1) 1부터 5까지의 수를 순서대로 쓰면 1, 2, 3, 4, 5입니다.
  (2) 5부터 9까지의 수를 순서대로 쓰면 5, 6, 7, 8, 9입니다.

❷ 1-2-3-4-5-6-7-8-9의 순서로 점을 잇습니다.

개념 적용 **1** 1부터 5까지의 수 알아보기 12~13쪽

1 (1) 2 / 둘, 이 (2) 4 / 넷, 사

2
1 2 ③ 4 5 ——— 하나(일)
1 2 3 4 ⑤ ——— 넷(사)
① 2 3 4 5 ——— 셋(삼)
1 2 3 ④ 5 ——— 다섯(오)
1 ② 3 4 5 ——— 둘(이)

2➕ 오십에 ○표

3 (1)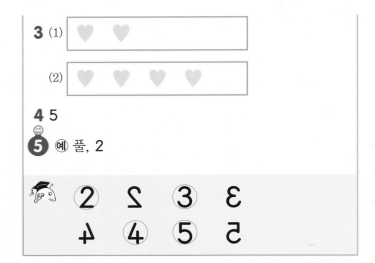
(2)

4 5

5 예 풀, 2

1 (1) 모자의 수는 2이고 둘 또는 이라고 읽습니다.
(2) 우산의 수는 4이고 넷 또는 사라고 읽습니다.

2 쿠키는 셋(삼)이므로 3입니다.
우유는 다섯(오)이므로 5입니다.
케이크는 하나(일)이므로 1입니다.
빵은 넷(사)이므로 4입니다.
콜라는 둘(이)이므로 2입니다.
➕ 50은 오십이라고 읽습니다.

3 (1) 2는 둘이므로 ♥ 2개를 붙입니다.
(2) 4는 넷이므로 ♥ 4개를 붙입니다.

4 주차장에 자동차가 4대 있었다. ➡ 5

😊 내가 만드는 문제
5 '가위가 4개 있습니다.' '필통이 1개 있습니다.'로 쓸 수 있습니다.

8

9

10 6, 8

11 예 6, 케이크에 초를 6개 꽂았습니다.

🎓 칠 / 일곱

6 지우개는 일곱(칠)이므로 7입니다.
크레파스는 여섯(육)이므로 6입니다.
가위는 아홉(구)이므로 9입니다.
색연필은 여덟(팔)이므로 8입니다.

7 오리의 수는 8이므로 팔 또는 여덟이라고 읽습니다.
➕ 70은 칠십이라고 읽습니다.

8 하나부터 일곱까지 수를 세며 딸기 붙임딱지를 붙입니다.

9 ●가 4개 있으므로 5부터 9까지 세며 ● 붙임딱지를 붙입니다.

10 젖소의 수는 여섯(육)이므로 6이고, 양의 수는 여덟(팔)이므로 8입니다.

😊 내가 만드는 문제
11 '케이크가 1개 있습니다' 등 수와 이야기를 맞게 썼으면 정답으로 인정합니다.

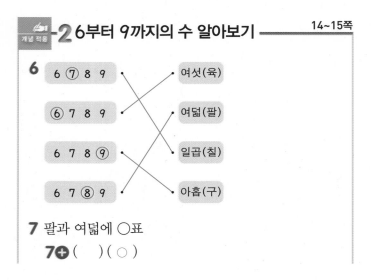

2 6부터 9까지의 수 알아보기   14~15쪽

6
6 ⑦ 8 9 •   • 여섯(육)
⑥ 7 8 9 •   • 여덟(팔)
6 7 8 ⑨ •   • 일곱(칠)
6 7 ⑧ 9 •   • 아홉(구)

7 팔과 여덟에 ○표
7➕ (   ) (○)

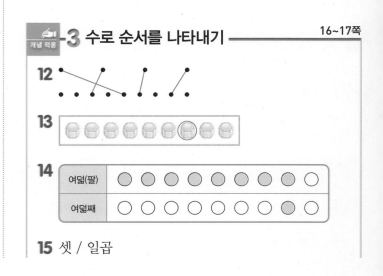

3 수로 순서를 나타내기   16~17쪽

12

13

14
| 여덟(팔) | | | | | | | | |
| 여덟째 | | | | | | | | |

15 셋 / 일곱

16 3, 2

17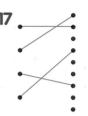

18 (예) 구두는 오른쪽에서 셋째 칸에 있습니다.

😊 2

13 왼쪽에서부터 첫째, 둘째, 셋째, 넷째, 다섯째, 여섯째, 일곱째입니다.

14 여덟(팔)은 수를 나타내므로 8개를 색칠합니다.
여덟째는 순서를 나타내므로 여덟째에만 색칠합니다.

15 노란색 풍선은 왼쪽에서 셋째, 오른쪽에서 일곱째입니다.
😊 내가 만드는 문제
18 물건이 왼쪽에서 또는 오른쪽에서 몇째 칸에 있는지를 바르게 썼는지 확인합니다.

 **4 수의 순서 알아보기** ────── 18~19쪽

19 (1) 3, 4, 5, 7, 9 (2) 2, 4, 6, 9
　19➕ 17, 18

20 (3부터 시계 방향으로) 3, 5, 6, 8

21 (1)
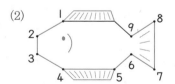

(2)

22 (1) 7, 5, 4, 2 (2) 8, 6, 5, 3, 1

23 (위에서부터) 2, 3 / 6, 8
😊
24 (예) 3, 4, 5, 6, 7

🐟 4, 6

19 1부터 수를 순서대로 쓰면 1, 2, 3, 4, 5, 6, 7, 8, 9 입니다.

20 1부터 ◯ 방향으로 수를 순서대로 쓰면 1, 2, 3, 4, 5, 6, 7, 8, 9입니다.

21 1-2-3-4-5-6-7-8-9의 순서로 점을 잇습니다.

22 9부터 순서를 거꾸로 하여 쓰면 9, 8, 7, 6, 5, 4, 3, 2, 1입니다.

23 수의 순서에 따라 위에서부터 1, 2, 3, 4, 5, 6, 7, 8 입니다.
😊 내가 만드는 문제
24 수를 순서대로 썼는지 확인합니다.

교과서 개념 이해 **5** 1만큼 더 큰 수는 바로 뒤의 수, 1만큼 더 작은 수는 바로 앞의 수야. 20~21쪽

1 2, 4　　　**2** (1) 3, 5 (2) 6, 8
3 2, 1, 0　　**4** ✕ (선 잇기)
5 0, 영　　　**6** 9, 7

1 수의 순서에서 3 바로 앞의 수는 2이고 3 바로 뒤의 수는 4입니다.

2 (1) 수의 순서에서 4 바로 앞의 수는 3이고 4 바로 뒤의 수는 5입니다.
(2) 수의 순서에서 7 바로 앞의 수는 6이고 7 바로 뒤의 수는 8입니다.

3 케이크가 하나도 없는 것을 0으로 나타냅니다.

4 5보다 1만큼 더 큰 수는 6입니다.
6보다 1만큼 더 큰 수는 7입니다.
7보다 1만큼 더 큰 수는 8입니다.

5 사자의 수는 1입니다. 1보다 1만큼 더 작은 수는 0이고 영이라고 읽습니다.

6 우산의 수는 8이므로 8보다 1만큼 더 큰 수는 9이고 8보다 1만큼 더 작은 수는 7입니다.

교과서 개념 이해 6 하나씩 연결하여 남는 쪽이 더 큰 수야. 22~23쪽

1 (1)
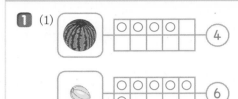

(2) 적습니다에 ○표 / 작습니다에 ○표

2 (○)
( )

3 7
5
큽니다에 ○표 / 작습니다에 ○표

4 6, 3 / 3, 6

5 (1) 5에 ○표　(2) 7에 ○표

6 (1) 3과 4에 ○표　(2) 5와 6과 7에 ○표

1 수박의 수는 4이고 참외의 수는 6입니다.

2 나비를 하나씩 연결하면 위쪽이 더 많습니다.

3 7개의 ○가 5개의 ○보다 많으므로 7이 5보다 큽니다.

4 수의 순서에서 6이 3보다 뒤에 있으므로 6은 3보다 큽니다.

5 (1) ●보다 ●가 많으므로 5는 4보다 큽니다.
(2) ●보다 ●가 많으므로 7은 4보다 큽니다.

6 (1) 5보다 작은 수는 3, 4입니다.
(2) 8보다 작은 수는 5, 6, 7입니다.

개념 적용 5 I만큼 더 큰 수와 I만큼 더 작은 수 알아보기 / 0 알아보기 24~25쪽

1 5에 △표, 7에 ○표
1➕ I5, I7

2 2, I, 0　　　**3** 0

4

/ 팔, 여덟

---

5 (1) 6　(2) 8　　　**6** (1) 4, 6　(2) 6, 8

7 예
6 ← | I만큼 더 작은 수 | 7 | I만큼 더 큰 수 | → 8

3, 7

1 6보다 I만큼 더 작은 수는 5이고 6보다 I만큼 더 큰 수는 7입니다.

2 꽃이 한 송이씩 줄어들고 있고, 꽃이 한 송이도 없으면 0이라 씁니다.

3 우산을 들고 있는 사람은 없으므로 0입니다.

4 7보다 I만큼 더 큰 수는 8입니다.
8은 팔 또는 여덟이라고 읽습니다.

5 (1) 가운데 수는 맨 위의 수보다 I만큼 더 큰 수이므로 5보다 I만큼 더 큰 수인 6입니다. 맨 아래의 수는 6보다 I만큼 더 큰 수인 7입니다.
(2) 가운데 수는 맨 위의 수보다 I만큼 더 큰 수이므로 7보다 I만큼 더 큰 수인 8입니다. 맨 아래의 수는 8보다 I만큼 더 큰 수인 9입니다.

6 (1) 수의 순서에서 5는 4 바로 뒤의 수이고 6 바로 앞의 수입니다.
(2) 수의 순서에서 7은 6 바로 뒤의 수이고 8 바로 앞의 수입니다.

☺ 내가 만드는 문제
7 가운데 수를 자유롭게 골라 쓰고 I만큼 더 작은 수와 I만큼 더 큰 수를 구합니다.

개념 적용 6 두 수의 크기 비교하기 26~27쪽

8 8, 7 / 8, 7 / 7, 8　　**8➕** (○) ( )

9 3개

10
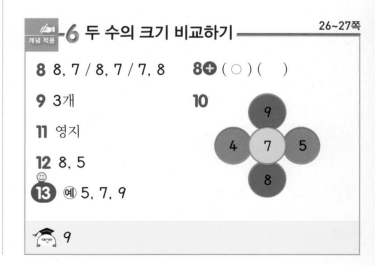

11 영지

12 8, 5

13 예 5, 7, 9

9

8 배추는 8포기, 호박은 7개입니다.
배추와 호박을 하나씩 연결하면 배추가 남으므로 8이 7보다 큽니다.

9 6과 주어진 수를 작은 수부터 차례로 쓰면
2, 4, 5, 6, 7, 9입니다.
따라서 6보다 작은 수는 2, 4, 5로 모두 3개입니다.

10 가운데 수인 7보다 작은 수는 4와 5이고, 가운데 수인 7보다 큰 수는 8과 9입니다.
따라서 4와 5는 빨간색으로 칠하고, 8과 9는 파란색으로 칠합니다.

11 8은 7보다 크므로 젤리를 더 많이 먹은 사람은 영지입니다.

12 김밥은 7개, 쿠키는 8개, 딸기는 5개이므로 가장 큰 수는 8, 가장 작은 수는 5입니다.
주의 | □ 안에 김밥, 쿠키, 딸기를 쓰는 것이 아니라 수를 쓰는 것임에 주의합니다.

☺ 내가 만드는 문제
13 작은 수부터 바르게 썼는지 확인합니다.

발전 문제
28~30쪽

1 4	**1⁺** 2
2 미라	**2⁺** 민호
3 육에 ○표	
3⁺ 8보다 1만큼 더 큰 수에 ○표	
4 1, 2, 3, 5, 7, 8	**4⁺** 9, 6, 5, 4, 3, 1
5 3, 4, 5, 6	**5⁺** 5개
6 6명	**6⁺** 7장

1

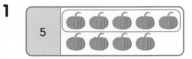

묶지 않은 호박의 수를 세어 보면 4입니다.

1⁺

7	🍭 🍭 🍭 🍭 🍭 / 🍭 🍭 🍭

묶지 않은 막대 사탕의 수를 세어 보면 2입니다.

2 미라: 교실에 우산이 여섯 개 있어.

2⁺ 민호: 강아지가 여덟 마리 태어났어.

3 다섯: 5
4보다 1만큼 더 큰 수: 5
육: 6
6보다 1만큼 더 작은 수: 5
따라서 나타내는 수가 나머지 셋과 다른 하나는 육입니다.

3⁺ 8보다 1만큼 더 큰 수: 9
여덟: 8
9보다 1만큼 더 작은 수: 8
팔: 8
따라서 나타내는 수가 나머지 셋과 다른 하나는 8보다 1만큼 더 큰 수입니다.

4 수를 작은 수부터 차례로 쓰면 1, 2, 3, 5, 7, 8입니다.

4⁺ 수를 큰 수부터 차례로 쓰면 9, 6, 5, 4, 3, 1입니다.

5 2부터 7까지의 수를 순서대로 쓰면 2, 3, 4, 5, 6, 7입니다.
이 중에서 2보다 크고 7보다 작은 수는 3, 4, 5, 6입니다.

5⁺ 3부터 9까지의 수를 순서대로 쓰면 3, 4, 5, 6, 7, 8, 9입니다. 이 중에서 3보다 크고 9보다 작은 수는 4, 5, 6, 7, 8로 모두 5개입니다.

6 (앞) 첫째 둘째 셋째 넷째 다섯째
○ ○ ○ ○ 나래 ○
둘째 첫째 (뒤)

나래 앞에 서 있는 어린이는 4명, 뒤에 서 있는 어린이는 1명입니다.
따라서 줄을 서 있는 어린이는 모두 6명입니다.

6⁺ (왼쪽) 첫째 둘째 셋째 넷째
□ □ □ 0 □ □ □
넷째 셋째 둘째 첫째 (오른쪽)

0의 왼쪽과 오른쪽에 각각 3장이 있으므로 예은이가 늘어놓은 수 카드는 모두 7장입니다.

1단원 단원 평가

1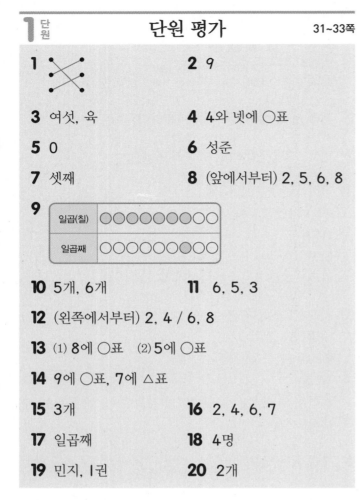

2 9

3 여섯, 육

4 4와 넷에 ○표

5 0

6 성준

7 셋째

8 (앞에서부터) 2, 5, 6, 8

9

일곱(칠)	○○○○○○○○○○
일곱째	○○○○○○○○○○

10 5개, 6개

11 6, 5, 3

12 (왼쪽에서부터) 2, 4 / 6, 8

13 (1) 8에 ○표 (2) 5에 ○표

14 9에 ○표, 7에 △표

15 3개

16 2, 4, 6, 7

17 일곱째

18 4명

19 민지, 1권

20 2개

---

1 펭귄은 두 마리이므로 2입니다.
코끼리는 세 마리이므로 3입니다.
앵무새는 다섯 마리이므로 5입니다.

2 당근은 아홉 개이므로 9입니다.

3 병아리는 6마리입니다.
6은 여섯 또는 육이라고 읽습니다.

4 사과는 4개입니다. 4는 넷 또는 사라고 읽습니다.

5 야구 글러브는 1개입니다.
따라서 1보다 1만큼 더 작은 수는 0입니다.

6
예진	지후	은호	성준	수정
첫째	둘째	셋째	넷째	다섯째

8 1부터 수를 순서대로 쓰면 1, 2, 3, 4, 5, 6, 7, 8, 9입니다.

9 일곱(칠)은 개수를 나타내므로 7개를 색칠합니다.
일곱째는 순서를 나타내므로 일곱째에만 색칠합니다.

10 축구공을 세어 보면 다섯이므로 5개이고, 농구공을 세어 보면 여섯이므로 6개입니다.

11 7부터 순서를 거꾸로 하여 수를 쓰면 7, 6, 5, 4, 3입니다.

12 3보다 1만큼 더 작은 수는 3 바로 앞의 수인 2이고, 3보다 1만큼 더 큰 수는 3 바로 뒤의 수인 4입니다.
7보다 1만큼 더 작은 수는 7 바로 앞의 수인 6이고, 7보다 1만큼 더 큰 수는 7 바로 뒤의 수인 8입니다.

13 (1) 수의 순서에서 8이 6보다 뒤에 있으므로 8은 6보다 큽니다.
(2) 수의 순서에서 5가 2보다 뒤에 있으므로 5는 2보다 큽니다.

14 꽃은 8송이입니다.
8보다 1만큼 더 큰 수는 9이고 1만큼 더 작은 수는 7입니다.

15

6	🍒🍒🍒🍒🍒🍒 🍒🍒🍒

왼쪽의 수가 6이므로 여섯을 묶습니다.
따라서 묶지 않은 것은 셋이므로 3개입니다.

16 수를 작은 수부터 차례로 쓰면 2, 4, 6, 7입니다.

17 왼쪽에서 셋째에 있는 모양은 ⬜입니다.
⬜는 오른쪽에서 일곱째에 있습니다.

18

| | | 연아 | | | | 다현 | |
| 첫째 | 둘째 | 셋째 | 넷째 | 다섯째 | 여섯째 | 일곱째 | 여덟째 | 아홉째 |

셋째와 여덟째 사이에 넷째, 다섯째, 여섯째, 일곱째가 있으므로 4명이 서 있습니다.

19 서술형 예 6은 5보다 1만큼 더 큰 수입니다.
따라서 민지가 동화책을 1권 더 많이 읽었습니다.

평가 기준	배점
누가 동화책을 더 많이 읽었는지 구했나요?	2점
동화책을 몇 권 더 많이 읽었는지 구했나요?	3점

20 서술형 예 2부터 7까지의 수를 순서대로 쓰면 2, 3, 4, 5, 6, 7이므로 2와 7 사이의 수는 3, 4, 5, 6입니다. 이 중에서 4보다 큰 수는 5, 6이므로 조건을 만족하는 수는 모두 2개입니다.

평가 기준	배점
2와 7 사이의 수를 모두 구했나요?	2점
2와 7 사이의 수 중에서 4보다 큰 수의 개수를 구했나요?	3점

2 여러 가지 모양

입체도형 중 ⬜, ⬚, ⚪ 모양에 대해 학습합니다.
일상생활에서 접하는 여러 사물들을 기하학적으로 탐구하여 도형에 대한 기초적인 개념과 관계, 직관적 통찰력을 기르는 것은 학생들의 공간 감각 능력을 키우는 데 도움이 됩니다. 다만 일상생활에서 접하는 사물들은 크기, 색, 딱딱함과 같은 여러 가지 속성들을 지니고 있으므로 여러 가지 속성들 중에서 특히 모양 부분에 초점을 두어 인식할 수 있도록 지도해 주세요.

교과서 개념 이해 1 주변에서 ⬜, ⬚, ⚪ 모양을 찾아봐. 36~37쪽

1 (1) ㉢, ㉱, ㉺ (2) ㉣, ㉤, ㉲ (3) ㉠, ㉦

2

3 (1) ⚪ 에 ○표 (2) ⬜ 에 ○표

4 (○) (   )

1 (1) ⬜ 모양은 ㉢ 과일 상자, ㉱ 필통, ㉺ 선물 상자입니다.
  (2) ⬚ 모양은 ㉣ 음료수 캔, ㉤ 김밥, ㉲ 저금통입니다.
  (3) ⚪ 모양은 ㉠ 축구공, ㉦ 볼링공입니다.

2 큐브와 벽돌은 ⬜ 모양이고, 축구공과 배구공은 ⚪ 모양이고, 탬버린과 음료수 캔은 ⬚ 모양입니다.

3 (1) 농구공, 멜론, 비치볼은 모두 ⚪ 모양입니다.
  (2) 필통, 서랍장, 휴지 상자는 모두 ⬜ 모양입니다.

4 왼쪽은 모두 ⬚ 모양입니다.
  오른쪽에서 주사위와 나무토막, 선물 상자는 ⬜ 모양, 물통은 ⬚ 모양입니다.

교과서 개념 이해 2 모양의 특징을 알면 어떤 모양인지 알 수 있어. 38~39쪽

1 (1) ㉢, ㉱ (2) ㉣, ㉲ (3) ㉠, ㉣

2 (○) (   ) (   )

3 (1) ⬜ 과 ⚪ 에 ○표 (2) ⬜ 과 ⬚ 에 ○표

4

5 (1) ⬚ 에 ○표 (2) ⬜ 에 ○표 (3) ⚪ 에 ○표

1 (1) 평평한 부분과 둥근 부분이 있는 모양은 ⬚ 모양입니다.
  ⬚ 모양을 찾으면 ㉡ 북, ㉲ 통조림 캔입니다.
  (2) 평평한 부분과 뾰족한 부분이 있는 모양은 ⬜ 모양입니다.
  ⬜ 모양을 찾으면 ㉢ 서랍장, ㉲ 벽돌입니다.
  (3) 둥근 부분만 있는 모양은 ⚪ 모양입니다.
  ⚪ 모양을 찾으면 ㉠ 농구공, ㉣ 비치볼입니다.

2 평평한 부분과 뾰족한 부분이 있는 모양은 ⬜ 모양입니다.
  따라서 현서가 잡은 물건은 ⬜ 모양인 휴지 상자입니다.

3 (1) 잘 굴러가는 것은 둥근 부분이 있는 ⬚ 모양과 ⚪ 모양입니다.
  (2) 잘 쌓을 수 있는 것은 평평한 부분이 있는 ⬜ 모양과 ⬚ 모양입니다.

4 ⬜ 모양: 평평한 부분만 있어서 잘 쌓을 수 있지만 잘 굴러가지 않습니다.
  ⬚ 모양: 평평한 부분과 둥근 부분이 있어서 세우면 쌓을 수 있고 눕히면 잘 굴러갑니다.
  ⚪ 모양: 둥근 부분만 있어서 쌓을 수 없지만 모든 방향으로 잘 굴러갑니다.

5 (1) 평평한 부분과 둥근 부분이 있으므로 ⬚ 모양입니다.
  (2) 평평한 부분과 뾰족한 부분이 있으므로 ⬜ 모양입니다.
  (3) 둥근 부분만 있으므로 ⚪ 모양입니다.

교과서 개념 이해 3 ⬜, ⬚, ⚪ 모양으로 여러 가지 모양을 만들자. 40~41쪽

1 (1) ㉠ (2) ㉡

2 (   ) (   ) (○)

3 (1) ⬜ 과 ⚪ 에 ○표 (2) ⬜ 과 ⚪ 에 ○표

4 (1) ⚪ 에 ○표 (2) ⬜ 에 ○표

5 (1) 4, 2, 1 (2) 1, 6, 2

1 (1) ◯ 모양 4개로 만든 모양을 찾으면 ㉠입니다.
(2) ▯ 모양 2개, ⬭ 모양 2개로 만든 모양을 찾으면 ㉡입니다.

2 왼쪽 모양은 ▯ 모양만 사용하여 만들었습니다.
가운데 모양은 ▯ 모양과 ⬭ 모양을 사용하여 만들었습니다.

3 (1) ▯ 모양 2개와 ◯ 모양 4개로 만든 모양입니다.
(2) ⬭ 모양 5개와 ◯ 모양 3개로 만든 모양입니다.

4 (1) ▯ 모양 5개, ⬭ 모양 4개로 만든 모양이므로 사용하지 않은 모양은 ◯ 모양입니다.
(2) ▯ 모양 5개, ◯ 모양 3개로 만든 모양이므로 사용하지 않은 모양은 ⬭ 모양입니다.

2 ▯ 모양은 🎲, 🎁, ▭ 입니다.

🔋, 🔋, 🧻 은 ⬭ 모양입니다.

🏀, ⚽, ● 은 ◯ 모양입니다.

3 ㉠, ㉢, ㉣은 ⬭ 모양이고, ㉡은 ◯ 모양입니다.

4 ⬭ 모양은 🧻, 🌀, 🧻 으로 모두 3개입니다.

5 ▯ 모양은 주사위, 필통, 휴지 상자입니다.
⬭ 모양은 음료수 캔, 보온병입니다.
◯ 모양은 농구공, 야구공입니다.

😊 내가 만드는 문제
6 ▯ 모양을 골랐으면 벽돌, 두부, 버터에 ◯표 합니다.
⬭ 모양을 골랐으면 음료수 캔, 참치 캔, 김밥에 ◯표 합니다.
◯ 모양을 골랐으면 축구공, 털실 뭉치에 ◯표 합니다.

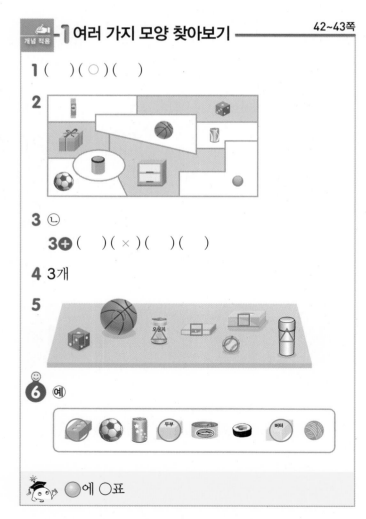

1 야구공은 ◯ 모양이고 ◯ 모양을 찾으면 배구공입니다.

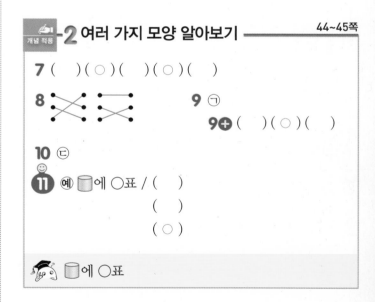

7 굴리기 어려운 모양은 둥근 부분이 없는 ▯ 모양입니다.

8 • 평평한 부분과 뾰족한 부분이 있으므로 ▯ 모양입니다. ▯ 모양은 벽돌입니다.
• 평평한 부분과 둥근 부분이 있으므로 ⬭ 모양입니다. ⬭ 모양은 음료수 캔입니다.
• 둥근 부분만 있으므로 ◯ 모양입니다. ◯ 모양은 털실 뭉치입니다.

9 ▯ 모양을 종이에 대고 그렸을 때 나오는 모양은 ▢ 모양과 같습니다.

10 ⬜, ⬛, ⚫ 모양 중에서 잘 쌓을 수 없는 모양은 평평한 부분이 없는 ⚫ 모양이므로 ⓒ입니다.

😊 내가 만드는 문제
11 ⬜ 모양에 ○표 한 경우 '잘 쌓을 수 있지만 잘 굴러가지 않습니다.'에 ○표 합니다.
⚫ 모양에 ○표 한 경우 '쌓을 수 없지만 모든 방향으로 잘 굴러갑니다.'에 ○표 합니다.

개념 적용 -3 여러 가지 모양으로 만들기   46~47쪽

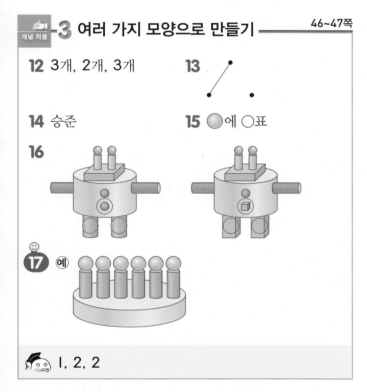

12 3개, 2개, 3개   **13**

14 승준   **15** ⚫에 ○표

16

17 예

🎓 1, 2, 2

12 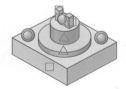 ⬜ 모양은 □표, ⬛ 모양은 △표, ⚫ 모양은 ○표 하여 세어 봅니다.

13 오른쪽 모양은 ⬜ 모양 1개를 사용하지 않았습니다.

14 민영이는 ⬜ 모양 1개, ⬛ 모양 4개, ⚫ 모양 3개를 사용했습니다.
승준이는 ⬜ 모양 3개, ⬛ 모양 4개, ⚫ 모양 1개를 사용했습니다.

15 ⬜ 모양 2개, ⬛ 모양 5개, ⚫ 모양 6개로 만든 모양입니다.
따라서 가장 많이 사용한 모양은 ⚫ 모양입니다.

개념 완성 발전 문제   48~50쪽

1 ⬜에 ○표	**1⁺** ⬛에 ○표
2 수지	**2⁺** 서연
3 ⓒ	**3⁺** ㉠, ㉣
4 3개	**4⁺** 2개
5 1개	**5⁺** 1개
6 5개	**6⁺** 3개

1 진호가 가지고 있는 물건은 ⬜ 모양과 ⚫ 모양이고 유리가 가지고 있는 물건은 ⬛ 모양과 ⬜ 모양입니다. 따라서 두 사람이 공통으로 가지고 있는 모양은 ⬜ 모양입니다.

1⁺ 명지가 가지고 있는 물건은 ⚫ 모양과 ⬛ 모양이고 소희가 가지고 있는 물건은 ⬛ 모양과 ⬜ 모양입니다. 따라서 두 사람이 공통으로 가지고 있는 모양은 ⬛ 모양입니다.

2 ⬜ 모양은 평평한 부분과 뾰족한 부분이 있습니다. 평평한 부분과 뾰족한 부분이 있는 물건을 가지고 있는 사람은 수지입니다.

2⁺ ⬛ 모양은 둥근 부분과 평평한 부분이 있습니다. 둥근 부분과 평평한 부분이 있는 물건을 가지고 있는 사람은 서연이입니다.

3 굴려 보았을 때 모든 방향으로 잘 굴러가는 모양은 ⚫ 모양이므로 ⓒ입니다.

3⁺ 굴려 보았을 때 한 방향으로만 잘 굴러가는 모양은 ⬛ 모양이므로 ㉠, ㉣입니다.

4 위에서 보았을 때 ● 모양인 물건은 ⬛ 모양과 ⚫ 모양입니다.
⬛ 모양은 북, 음료수 캔이고, ⚫ 모양은 야구공입니다. 따라서 위에서 보았을 때 ● 모양인 물건은 모두 3개입니다.

4⁺ 어느 방향에서 보아도 ● 모양인 물건은 ⚫ 모양입니다. ⚫ 모양은 수박, 테니스공으로 모두 2개입니다.

5 ⬜ 모양을 2개, ⬛ 모양을 6개, ⚫ 모양을 1개 사용했습니다.
2는 1보다 1만큼 더 큰 수이므로 ⬜ 모양은 ⚫ 모양보다 1개 더 많이 사용했습니다.

5+ 모양을 5개, 모양을 4개, 모양을 2개 사용했습니다.
4는 5보다 1만큼 더 작은 수이므로 모양은 모양보다 1개 더 적게 사용했습니다.

6 오른쪽 모양은 평평한 부분과 둥근 부분이 있으므로 모양입니다.
따라서 모양을 세어 보면 5개입니다.

6+ 오른쪽 모양은 평평한 부분과 뾰족한 부분이 있으므로 모양입니다.
따라서 모양을 세어 보면 3개입니다.

2단원 단원 평가 51~53쪽

1 에 ○표
2 ㉡, ㉥
3 ㉠, ㉤
4 에 ○표
5 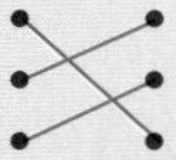
6 
7 2개
8 에 ○표
9 ( )( )(○)( )
10 2개
11 1개
12 ㉡, ㉢
13 과 에 ○표
14 2개, 2개
15 4개
16 
17 2개
18 에 ○표
19 2개
20 1개

1 모양은 저금통입니다.

2 모양은 ㉡ 선물 상자와 ㉥ 서랍장입니다.

3 모양은 ㉠ 야구공과 ㉤ 수박입니다.

4 케이크는 평평한 부분과 둥근 부분이 있으므로 모양입니다.

5 주사위와 벽돌은 모양, 농구공과 멜론은 모양, 북과 음료수 캔은 모양입니다.

6 모양은 보온병과 음료수 캔입니다.

7 모양은 휴지 상자와 과자 상자로 2개입니다.

8 전자레인지, 벽돌, 구급상자는 모두 모양입니다.

9 김밥, 저금통, 음료수 캔은 모양이고, 비치볼은 모양입니다.

10 전체가 둥글고 뾰족한 부분이 없는 모양은 모양입니다. 모양은 테니스공, 배구공으로 2개입니다.

11 잘 굴러가지 않는 물건은 모양입니다. 모양은 주사위로 1개입니다.

12 모양은 평평한 부분과 뾰족한 부분이 있고, 둥근 부분이 없으므로 잘 굴러가지 않습니다.

13 모양 2개, 모양 4개로 만든 모양입니다.

14 모양을 2개, 모양을 2개 사용했습니다.

15 축구공은 모양이고 모양을 4개 사용했습니다.

16 모양 1개, 모양 2개, 모양 3개로 만든 모양은 오른쪽 모양입니다.
모양 1개, 모양 1개, 모양 4개로 만든 모양은 왼쪽 모양입니다.

17 오른쪽 모양은 둥근 부분만 있으므로 모양입니다.
따라서 모양의 개수를 세어 보면 2개입니다.

18 모양을 3개, 모양을 2개, 모양을 1개 사용했으므로 가장 많이 사용한 모양은 모양입니다.

서술형
19 예 한 방향으로만 잘 굴러가는 모양은 모양입니다.
모양은 음료수 캔, 건전지로 2개입니다.

평가 기준	배점
한 방향으로만 잘 굴러가는 모양을 알았나요?	2점
한 방향으로만 잘 굴러가는 모양은 몇 개인지 구했나요?	3점

서술형
20 예 모양을 3개, 모양을 2개 사용했습니다.
3은 2보다 1만큼 더 큰 수이므로 모양은 모양보다 1개 더 많이 사용했습니다.

평가 기준	배점
모양과 모양을 각각 몇 개 사용했는지 구했나요?	3점
모양은 모양보다 몇 개 더 많이 사용했는지 구했나요?	2점

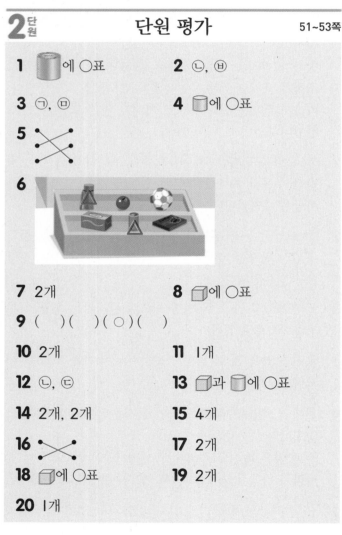

3 덧셈과 뺄셈

한 자리 수끼리의 덧셈과 뺄셈입니다. 1부터 9까지의 수를 모으고 가르는 학습에 이어 합이 9까지인 덧셈과 한 자리 수끼리의 뺄셈을 학습합니다.
+, −와 =를 사용한 식을 처음 접하게 되므로 수와 기호를 사용한 식이 나타내는 뜻을 명확히 이해할 수 있도록 지도합니다. 또한 덧셈에서는 병합과 첨가의 상황을, 뺄셈에서는 제거와 차이의 상황을 모두 경험할 수 있도록 문제를 구성하였으니 덧셈과 뺄셈 상황을 덧셈식과 뺄셈식으로 연결하여 생각할 수 있게 합니다.

교과서 개념 이해 1 모으기는 두 개를 하나로 합치고 가르기는 하나를 두 개로 나누는 거야. 56쪽

❶ (1) 4 (2) 2, 3   ❷ (1) 5 (2) 2, 4

❶ (1) 빨간색 수첩 2권과 초록색 수첩 2권을 모으기하면 4권입니다.
　(2) 색연필 5자루는 주황 색연필 2자루와 파란 색연필 3자루로 가르기할 수 있습니다.

❷ (1) 나비 3마리와 2마리를 모으기하면 5마리입니다.
　(2) 잠자리 6마리는 2마리와 4마리로 가르기할 수 있습니다.

교과서 개념 이해 2 같은 수를 여러 방법으로 모으기하거나 가르기할 수 있어. 57쪽

❶ (1) 5, 5 (2) 3, 2

❷ (1) 5, 4, 3, 2, 1 (2) 6, 5, 4, 3, 2, 1

❶ (1) 1과 4를 모으기하면 5입니다.
　　2와 3을 모으기하면 5입니다.
　(2) 6은 3과 3으로 가르기할 수 있습니다.
　　6은 4와 2로 가르기할 수 있습니다.

❷ (1) 7은 1과 6, 2와 5, 3과 4, 4와 3, 5와 2, 6과 1로 가르기할 수 있습니다.
　(2) 8은 1과 7, 2와 6, 3과 5, 4와 4, 5와 3, 6과 2, 7과 1로 가르기할 수 있습니다.

교과서 개념 이해 3 모은다, 가른다, 더 많다, 더 적다 등을 사용해 이야기를 만들어. 58쪽

❶ (1) 3, 5 (2) 1, 4 (3) 2, 1

교과서 개념 이해 4 더하는 상황은 +를 사용해. 59쪽

❶ (그림)

❷ 3, 3, 6 / 3, 3, 6, 3, 3, 6

❶ 흰색 토끼 1마리와 갈색 토끼 4마리이므로 토끼는 모두 1+4=5(마리)입니다.
강아지 5마리와 개 2마리이므로 모두 5+2=7(마리)입니다.

❷ 의자에 앉아 있는 학생이 3명, 서 있는 학생이 3명이므로 학생은 모두 3+3=6(명)입니다.

교과서 개념 이해 5 덧셈은 ●의 수를 세어서 계산할 수 있어. 60쪽

❶ (1) (칸 그림), 4 (2) (칸 그림), 7

❷ 7

❶ (1) ○를 3개 더 그리고, 1 다음에 이어 세면 2, 3, 4이므로 4입니다. ➡ 1+3=4
　(2) ○를 1개 더 그리고, 6 다음에 이어 세면 7이므로 7입니다. ➡ 6+1=7

❷ 편 손가락을 하나씩 세면 1, 2, 3, 4, 5, 6, 7이므로 5+2=7입니다.

교과서 개념 이해 6 덧셈식을 계산할 수 있어. 61쪽

❶ (1) 6, 6 (2) 6, 6

❷ (1) 4 (2) 8 (3) 7 (4) 9

❶ (1) 닭 1마리와 오리 5마리를 모으기하면 6마리입니다. ➡ 1+5=6
　(2) 노란색 옷 3벌과 빨간색 옷 3벌을 모으기하면 6벌입니다. ➡ 3+3=6

개념 적용 1 모으기와 가르기(1)

1 (1) 2, 3, 5 (2) 3, 4, 7

2

3

4 (1) 5 (2) 4   **5** 7개

6 예

/ 3장

5, 5 / 5, 5 / 같습니다에 ○표

---

1 (1) 빨간색 모자 2개와 파란색 모자 3개를 모으기하면 모자는 5개입니다.
　 (2) 초록색 지우개 3개와 주황색 지우개 4개를 모으기하면 지우개는 7개입니다.

2 파인애플 9개는 6개와 3개로 가르기할 수 있으므로 빈칸에 파인애플 붙임딱지를 3개 더 붙입니다.

3 4와 4를 모으기하면 8입니다.
　 3과 2를 모으기하면 5입니다.
　 2와 4를 모으기하면 6입니다.

4 (1) 막대사탕 9개는 4개와 5개로 가르기할 수 있습니다.
　 (2) 도넛 5개는 1개와 4개로 가르기할 수 있습니다.

5 4와 3을 모으기하면 7입니다.
　 따라서 두 주머니에 담긴 구슬을 하나의 주머니에 모두 옮겨 담으면 7개입니다.

😊 내가 만드는 문제
6 7은 1과 6, 2와 5, 3과 4, 5와 2, 6과 1로 가르기할 수 있습니다.

개념 적용 2 모으기와 가르기(2)

7 8, 5   **8** 현수

9

10 (1) 예 2, 5 (2) 예 3, 4

11 (위에서부터) 3, 4, 6 / 5, 2
11+ 8, 7, 6, 5, 4, 3, 2, 1

12

1	7	2	4	6	1	6	9
5	8	6	3	4	3	5	4

13 예

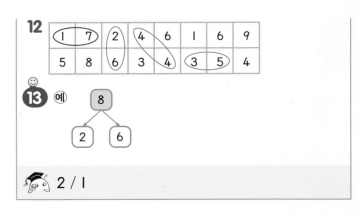

2 / 1

---

7 6과 2를 모으기하면 8입니다.
　 9는 4와 5로 가르기할 수 있습니다.

8 지애: 5와 2를 모으기하면 7입니다.
　 현수: 1과 7을 모으기하면 8입니다.
　 따라서 8이 7보다 크므로 모으기한 수가 더 큰 사람은 현수입니다.

9 모으기하여 9가 되는 두 수는 1과 8, 2와 7, 3과 6, 4와 5, 5와 4, 6과 3, 7과 2, 8과 1입니다.

10 (1) 파란색 우산은 2개, 빨간색 우산은 5개이므로 7을 2와 5로 가르기할 수 있습니다.
　 (2) 접은 우산은 3개, 펼친 우산은 4개이므로 7을 3과 4로 가르기할 수 있습니다.

11 7은 1과 6, 2와 5, 3과 4, 4와 3, 5와 2, 6과 1로 가르기할 수 있습니다.
　 ➕ 10은 1과 9, 2와 8, 3과 7, 4와 6, 5와 5, 6과 4, 7과 3, 8과 2, 1과 9로 가르기할 수 있습니다.

12 모으기하여 8이 되는 두 수는 1과 7, 2와 6, 3과 5, 4와 4, 5와 3, 6과 2, 7과 1입니다.

😊 내가 만드는 문제
13 선택한 수 카드의 수를 가르기합니다.

개념 적용 3 그림을 보고 이야기 만들기

14 2, 4, 6   **15** (1) 4, 1 (2) 2, 2

16 (1) 4, 7 (2) 5, 2, 3

😊
17 예 강아지 4마리와 고양이 2마리를 모으면 강아지와 고양이는 모두 6마리입니다. / 고양이는 강아지보다 2마리 더 적습니다.

☺ 내가 만드는 문제
17 여러 가지 답이 나올 수 있습니다. 주어진 상황에 맞게 이야기를 만들었다면 모두 정답으로 인정합니다.

개념 적용 -4 덧셈식을 쓰고 읽기 ——— 68~69쪽

18 4, 7 / 4, 7   **19** 6+2=8

20 ㉡   **21** (1) 2, 7   (2) 3, 9

22 (1) 2, 5   (2) 4, 6

23 ㉎ ●●●●●★★★ / 4+3=7 /
4 더하기 3은 7과 같습니다. 또는 4와 3의 합은 7입니다.

🎓 4 / 4

---

20 ㉡ 우유 2개와 식빵 3개이므로 2+3=5입니다.

21 (1) 점이 각각 5개, 2개이므로 5+2=7입니다.
(2) 점이 각각 3개, 6개이므로 3+6=9입니다.

22 (1) 땅속에 개미가 3마리 있고 땅 위에 2마리 있으므로 모두 3+2=5(마리)입니다.
(2) 땅속에 개미가 2마리 있고 땅 위에 4마리 있으므로 모두 2+4=6(마리)입니다.

☺ 내가 만드는 문제
23 그린 모양의 수와 덧셈식의 수가 같아야 합니다.

개념 적용 -5 덧셈하기(1) ——— 70~71쪽

24 ㉎ 3, 4, 7   **25** ✕

26 (1) ㉎ 2+4=6   (2) ㉎ 3+5=8
26➕ 6

27 5, 2, 7 / 2, 5, 7

28 ㉎ ⬚⬚⬚⬚⬚ / ㉎ 3+6=9 / 9개
⬚⬚⬚⬚

☺
29 ㉎ 6 / 2+6=8

🎓 7 / 7 / 같습니다에 ○표

---

24 가방 3개와 4개를 더하면 7개이므로 덧셈식은 3+4=7 또는 4+3=7입니다.

---

27 덧셈에서 더하는 두 수의 순서를 바꾸어 더해도 결과는 같습니다.

28 감자 3개와 고구마 6개를 더하면 9개이므로 덧셈식은 3+6=9 또는 6+3=9입니다.

☺ 내가 만드는 문제
29 덧셈한 결과가 9를 넘지 않도록 합니다.

개념 적용 -6 덧셈하기(2) ——— 72~73쪽

30 8 / ㉎ 3, 5, 8
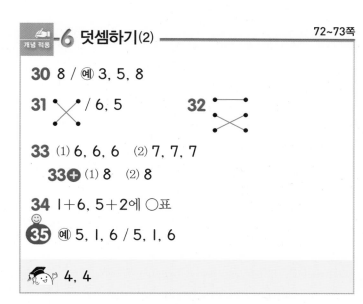
31 ✕ / 6, 5   **32**

33 (1) 6, 6, 6   (2) 7, 7, 7
33➕ (1) 8   (2) 8

34 1+6, 5+2에 ○표

☺
35 ㉎ 5, 1, 6 / 5, 1, 6

🎓 4, 4

---

30 3과 5를 모으기하면 8입니다.
➡ 3+5=8 또는 5+3=8

31 어른이 2명, 어린이가 3명이므로 모두 2+3=5(명)입니다.
말이 3마리, 양이 3마리이므로 모두 3+3=6(마리)입니다.

32 두 수의 순서를 바꾸어 더해도 합은 같습니다.
5+1=1+5=6, 3+4=4+3=7, 2+7=7+2=9

33 더해지는 수가 1씩 커지고 더하는 수가 1씩 작아지면 합은 같습니다.
➕ (1) 1+4=5, 5+3=8이므로 1+4+3=8
(2) 2+1=3, 3+5=8이므로 2+1+5=8

34 1+4=5, 3+3=6, 1+6=7,
5+2=7, 2+6=8, 4+5=9
따라서 합이 같은 두 덧셈식은 1+6과 5+2입니다.

☺ 내가 만드는 문제
35 원하는 두 수를 자유롭게 골라 모으기하고 그 수로 덧셈식을 만듭니다.

7 빼는 상황은 −를 사용해. 74쪽

❶ .

❷ 7, 5 / 7, 5, 7, 2, 5

❶ 풍선 6개 중에서 3개가 터져서 3개가 남았으므로 뺄셈식은 6−3=3입니다.
오리 6마리와 닭 2마리를 하나씩 연결하면 오리가 4마리 남으므로 뺄셈식으로 나타내면 6−2=4입니다.

8 뺄셈은 지우거나 하나씩 연결하여 계산할 수 있어. 75쪽

❶ (1) 예 ○ ○ ○ ○ ⊘ ⊘ / 3
(2) 예 ○ ○ ⊘ ⊘ / 2

❷ 연필: ●─●─●─●─● / 1
지우개: ●─●─●─●

❶ (1) 6개 중 3개를 지우면 3개가 남습니다.
➡ 6−3=3
(2) 4개 중 2개를 지우면 2개가 남습니다.
➡ 4−2=2

❷ 연필 5개와 지우개 4개를 하나씩 연결하면 연필 1개가 남습니다. ➡ 5−4=1

9 뺄셈식을 계산할 수 있어. 76쪽

❶ (1) 3 / 3 (2) 1 / 1

❷ (1) 1 (2) 5 (3) 8 (4) 2

❶ (1) 5는 2와 3으로 가르기할 수 있으므로 5−2=3입니다.
(2) 5는 4와 1로 가르기할 수 있으므로 5−4=1입니다.

10 0을 더하거나 빼도 결과는 달라지지 않아. 77쪽

❶ (1) 0, 3 (2) 0, 2 ❷ (1) 3, 0 (2) 0, 3

❶ 아무것도 없는 것은 0이므로 빈 바구니의 당근 수와 빈 연필꽂이의 연필 수를 0으로 나타냅니다.

❷ (1) 금붕어 3마리를 모두 꺼냈으므로 3−3=0입니다.
(2) 금붕어 3마리가 변함이 없으므로 3−0=3입니다.

11 덧셈을 하면 수가 커지고 뺄셈을 하면 수가 작아져. 78~79쪽

❶ (1) 6, 7, 8, 9 (2) 4, 3, 2, 1

❷ (1) + (2) −

❸ 1+6, 0+7, 5+2, 4+3에 색칠

❹ (왼쪽에서부터) 8, 4, 3, 9 / 4, 9, 8, 3

❺ 5−0, 8−3, 7−2, 6−1에 ○표

❻ 예 5, 1, 4

❶ 더하는 수가 1씩 커지면 결과도 1씩 커지고, 빼는 수가 1씩 커지면 결과는 1씩 작아집니다.

❷ (1) 오른쪽으로 이동하여 수가 커졌으므로 이동한 만큼 더하면 3+2=5입니다.
(2) 왼쪽으로 이동하여 수가 작아졌으므로 이동한 만큼 빼면 7−3=4입니다.

❸ 1+6=7, 2+4=6, 3+5=8, 0+7=7
5+2=7, 3+2=5, 4+3=7, 4+4=8

❺ 9−1=8, 5−4=1, 9−3=6, 5−0=5
8−3=5, 9−2=7, 7−2=5, 6−1=5

❻ 주어진 수 카드의 수로 만들 수 있는 뺄셈식은
5−1=4 또는 5−4=1입니다.

7 뺄셈식을 쓰고 읽기 80~81쪽

1 (1) 4, 4 (2) 1, 1   2 (1) 6, 1, 5 (2) 9, 6, 3

3 예 7−2=5 / 예 7 빼기 2는 5와 같습니다. 또는 7과 2의 차는 5입니다.

4 6−3=3 / 예 6 빼기 3은 3과 같습니다. 또는 6과 3의 차는 3입니다.
4➕ 4, 6

5 (1) 예 **1, 3**   (2) 예 **2, 4**   **6** 5, 4, 1 / 1

7 예 7, 1, 6 / 예 7 빼기 1은 6과 같습니다. 또는 7과 1의 차는 6입니다.

😀 1

1 (1) 달걀 8개 중에서 4개가 깨져서 4개가 남았으므로 뺄셈식은 8−4=4입니다.
(2) 케이크 5조각과 포크 4개를 하나씩 연결하면 케이크가 1조각 남으므로 뺄셈식은 5−4=1입니다.

3 깃발 7개 중에서 2개가 떨어져서 5개가 남았으므로 7−2=5입니다.

4 피자 6조각과 음료수 3캔을 하나씩 연결하면 피자가 3조각 남으므로 6−3=3입니다.
➕ 10개에서 4개를 뺐으므로 10−4=6입니다.

5 (1) 주스가 4잔 있었는데 1잔을 마셨더니 3잔이 남았습니다. ➡ 4−1=3
(2) 주스가 6잔 있었는데 2잔을 마셨더니 4잔이 남았습니다. ➡ 6−2=4

6 ⚪ 모양은 5개, 🛢 모양은 4개이므로 ⚪ 모양은 🛢 모양보다 5−4=1(개) 더 많습니다.

😀 내가 만드는 문제
7 다양한 뺄셈식을 만들 수 있습니다. 뺄셈식의 계산이 맞다면 모두 정답입니다.

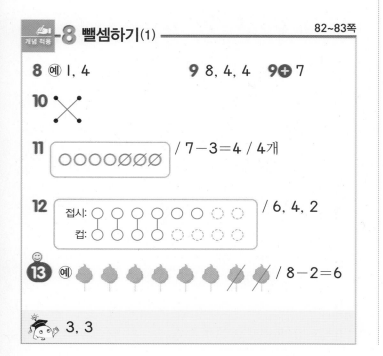

8 📏 **8** 뺄셈하기(1)   82~83쪽

8 예 1, 4   **9** 8, 4, 4   **9➕** 7

10 ✕

11 ⬜ ○○○○○⌀⌀ / 7−3=4 / 4개

12 접시: ○○○○○○⦚⦚⦚⦚
컵: ○○○○ ⦚⦚⦚⦚⦚⦚ / 6, 4, 2

13 예 🍂🍂🍂🍂🍂🍂🍂 / 8−2=6

😀 3, 3

8 귤 5개 중에서 1개를 먹었으므로 남은 귤은 4개입니다. ➡ 5−1=4

9 초록색 사탕 8개와 주황색 사탕 4개를 하나씩 연결하면 초록색 사탕이 4개 남습니다.
➡ 8−4=4
➕ 10개 중에서 3개를 /로 지우면 7개가 남습니다. ➡ 10−3=7

11 7개 중 3개를 지우면 남은 ○는 4개입니다.
➡ 7−3=4

12 접시 6개와 컵 4개만큼 ○를 그리고 하나씩 연결하면 짝이 없는 접시는 2개입니다. ➡ 6−4=2

😀 내가 만드는 문제
13 전체 솜사탕은 8개이므로 8에서 /로 지운 수만큼을 빼고 남은 솜사탕의 수를 구합니다.

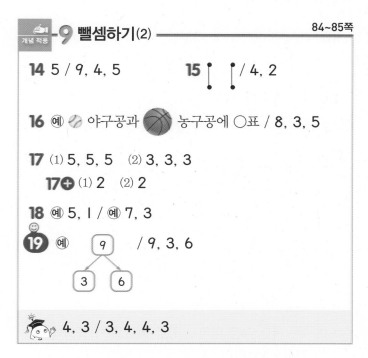

📏 **9** 뺄셈하기(2)   84~85쪽

14 5 / 9, 4, 5   **15** | ┆ / 4, 2

16 예 ⚾ 야구공과 🏀 농구공에 ○표 / 8, 3, 5

17 (1) 5, 5, 5   (2) 3, 3, 3
17➕ (1) 2   (2) 2

18 예 5, 1 / 예 7, 3

19 예 ⑨
         /   ③ ⑥   / 9, 3, 6

😀 4, 3 / 3, 4, 4, 3

14 (전체 바나나의 수)−(먹는 바나나의 수)=(남는 바나나의 수)이므로 9개에서 4개를 먹는다면 남는 바나나는 9−4=5(개)입니다.

15 상자 5개 중에서 1개를 옮겼으므로 남은 상자는 5−1=4(개)입니다.
의자 6개 중에서 4개에 사람이 앉아 있으므로 남은 의자는 6−4=2(개)입니다.

16 (축구공, 야구공)을 고른 경우에는 8−4=4,
(축구공, 농구공)을 고른 경우에는 4−3=1입니다.

17 (1) $7-2=5$, $8-3=5$, $9-4=5$
➡ 두 수의 차가 모두 5입니다.
(2) $9-6=3$, $8-5=3$, $7-4=3$
➡ 두 수의 차가 모두 3입니다.
➕ (1) $9-1=8$, $8-6=2$이므로 $9-1-6=2$
(2) $8-2=6$, $6-4=2$이므로 $8-2-4=2$

18 차가 4가 되는 뺄셈식은 $5-1=4$, $6-2=4$,
$7-3=4$, $8-4=4$, $9-5=4$가 있습니다.
☺ 내가 만드는 문제
19 가르기한 수를 이용하여 뺄셈식을 만들어야 합니다.
참고 | 가르기한 두 수가 같은 경우는 만들 수 있는 뺄셈식이 1개입니다.

개념 적용 –10 0을 더하거나 빼기 　　　86~87쪽

20 (1) 4, 3, 2　　(2) 2, 3, 4

21 (1) 예 6, 0, 6　　(2) 예 0, 5, 5

22 예 4, 4 / 예 6, 6

23 8　　　　　　**24** $0+6=6$, 6명

☺ **25** 예

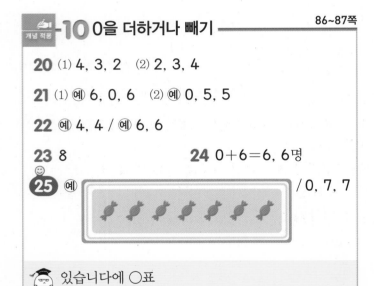

／ 0, 7, 7

👨‍🎓 있습니다에 ○표

21 (1) 어떤 수에 0을 더하면 항상 어떤 수가 됩니다.
➡ $6+0=6$
(2) 0에 어떤 수를 더하면 항상 어떤 수가 됩니다.
➡ $0+5=5$

22 어떤 수에 0을 더하면 항상 어떤 수가 되고, 어떤 수에서 0을 빼면 결과는 달라지지 않습니다.

23 $0+0=0$이므로 $8-\square=0$이 되는 경우를 알아보면 $8-8=0$입니다.

24 왼쪽 놀이터에는 0명, 오른쪽 놀이터에는 6명이 있으므로 모두 $0+6=6$(명)입니다.
☺ 내가 만드는 문제
25 동그란 접시에 있는 사탕의 수는 0이므로 0과 내가 붙인 사탕의 수를 더합니다.

개념 적용 –11 덧셈과 뺄셈하기 　　　88~89쪽

26 (1) －　　(2) ＋　　(3) ＋　　(4) －

26➕ (1) ＋　　(2) －

27 (1) ●●●●● ｜ ●●●●●●
(2) ▲▲ ｜ ▲▲▲▲

28 $8-0$에 ○표　　　**29** 4 / 2 / 1

30 $5+3=8$, 8살　　**31** $8-4=4$, 4자루

☺ **32** 예 🍩🍩🍩🍩🍩🍩🍩🍩🍩 /
4개를 먹었습니다. 남아 있는 도넛은 몇 개일까요? /
4, 5 / 5개

👨‍🎓 ＋ / －

28 $9-3=6$, $5+2=7$, $8-0=8$이므로 계산 결과가 가장 큰 것은 $8-0$입니다.

29 5는 1과 4, 2와 3으로 가르기할 수 있습니다.
6은 1과 5로 가르기할 수 있습니다.

30 (언니의 나이)=(윤아의 나이)＋3＝$5+3=8$(살)

31 (유진이에게 남은 색연필 수)
＝$8-$(민주에게 준 색연필 수)＝$8-4=4$(자루)

개념 완성 발전 문제 　　　90~94쪽

1 ㉡　　　　　　**1➕** ㉠

2 (왼쪽에서부터) 3, 8, 9

2➕ (왼쪽에서부터) 7, 4, 3

3 7장　　　　　　**3➕** 5장

4 4　　　　　　　**4➕** 5

5 7　　　　　　　**5➕** 9

6 5가지　　　　　**6➕** 7가지

7 미나, 2개　　　**7➕** 민호, 1권

8 2, 3, 5 / 3, 2, 5 / 5, 2, 3 / 5, 3, 2

8➕ 3, 5, 8 / 5, 3, 8 / 8, 3, 5 / 8, 5, 3

9 3개　　　　　　　**9⁺** 4개

10 예) 5+4=9　　　**10⁺** 9−2=7

---

1 4는 1과 3으로 가르기할 수 있으므로 ㉠=1입니다.
5는 2와 3으로 가르기할 수 있으므로 ㉡=3입니다.
3은 1보다 크므로 ㉠과 ㉡ 중 더 큰 수는 ㉡입니다.

1⁺ 2와 6을 모으기하면 8이므로 ㉠=8입니다.
9는 4와 5로 가르기할 수 있으므로 ㉡=5입니다.
8은 5보다 크므로 ㉠과 ㉡ 중 더 큰 수는 ㉠입니다.

2 2와 1을 모으기하면 3입니다.
3과 5를 모으기하면 8입니다.
1과 8을 모으기하면 9입니다.

2⁺ 9는 2와 7로 가르기할 수 있습니다.
7은 4와 3으로 가르기할 수 있습니다.
4는 1과 3으로 가르기할 수 있습니다.

3 3과 5를 모으기하면 8입니다. 8은 1과 7로 가르기할
수 있습니다.

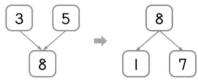

따라서 민아가 가지고 있는 붙임딱지는 1장과 7장으
로 가르기할 수 있습니다.

3⁺ 4와 3을 모으기하면 7입니다. 7은 2와 5로 가르기할
수 있습니다.

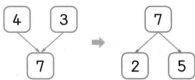

따라서 성준이가 가지고 있는 우표는 2장과 5장으로
가르기할 수 있습니다.

4 3+□=7
➡ 3+4=7이므로 □ 안에 알맞은 수는 4입니다.

4⁺ □+4=9
➡ 5+4=9이므로 □ 안에 알맞은 수는 5입니다.

5 수 카드의 수를 큰 수부터 차례로 쓰면 6, 5, 2, 1이므
로 가장 큰 수는 6, 가장 작은 수는 1입니다.
➡ 6+1=7

5⁺ 수 카드의 수를 큰 수부터 차례로 쓰면 7, 5, 3, 2이
므로 가장 큰 수는 7, 가장 작은 수는 2입니다.
➡ 7+2=9

6 6은 1과 5, 2와 4, 3과 3, 4와 2, 5와 1로 가르기할
수 있습니다. 따라서 유진이가 공책을 나누어 꽂는 방
법은 모두 5가지입니다.

6⁺ 8은 1과 7, 2와 6, 3과 5, 4와 4, 5와 3, 6과 2, 7
과 1로 가르기할 수 있습니다. 따라서 하윤이가 당근
을 나누어 담는 방법은 모두 7가지입니다.

7 (미나가 가지고 있는 사탕의 수)=3+5=8(개)
(지훈이가 가지고 있는 사탕의 수)=4+2=6(개)
따라서 미나가 사탕을 8−6=2(개) 더 많이 가지고 있
습니다.

7⁺ (진아가 읽은 책의 수)=1+5=6(권)
(민호가 읽은 책의 수)=3+4=7(권)
따라서 민호가 책을 7−6=1(권) 더 많이 읽었습니다.

8 세 수를 골라 하나의 덧셈식을 만들면 이를 이용하여
다른 덧셈식과 2개의 뺄셈식을 만들 수 있습니다.

8⁺ 3과 5의 합은 8이므로 3, 5, 8의 세 수로 2개의 덧셈
식과 2개의 뺄셈식을 만들 수 있습니다.

9 5는 1과 4, 2와 3, 3과 2, 4와 1로 가르기할 수 있습
니다. 이때 한 수가 다른 수보다 1만큼 더 큰 경우는 2
와 3, 3과 2입니다.
수영이가 구슬을 1개 더 많이 가졌으므로 수영이는 3
개, 동생은 2개를 가졌습니다.

9⁺ 7은 1과 6, 2와 5, 3과 4, 4와 3, 5와 2, 6과 1로 가
르기할 수 있습니다. 이때 한 수가 다른 수보다 1만큼
더 큰 경우는 3과 4, 4와 3입니다.
나희가 사탕을 1개 더 많이 먹었으므로 나희는 4개,
동생은 3개를 먹었습니다.

10 수 카드에 적힌 수를 큰 수부터 차례로 쓰면 5, 4, 3,
0입니다. 더하는 두 수가 클수록 합이 크므로 가장 큰
수인 5와 둘째로 큰 수인 4를 더합니다.
따라서 합이 가장 큰 덧셈식은 5+4=9 또는
4+5=9입니다.

10⁺ 수 카드에 적힌 수를 큰 수부터 차례로 쓰면 9, 7, 3,
2입니다.
가장 큰 수에서 가장 작은 수를 빼야 차가 가장 큽니다.
따라서 차가 가장 큰 뺄셈식은 9−2=7입니다.

3단원 단원 평가

95~97쪽

1 8, 2, 6   **2** 2, 5

3 9 / 5   **4** ㉢

5 (예) 3+4=7 / (예) 3 더하기 4는 7과 같습니다.
또는 3과 4의 합은 7입니다.

6 7, 2, 5   **7** (예) 6, 2, 8

8 1 / (예) 4, 3, 1   **9** (예) 4, 0, 4

10 (1) 9 (2) 9 (3) 1 (4) 0

11 6, 2   **12** 8, 4

13 (1) ―, +   (2) ―, +

14 (예) 5, 2, 7 / (예) 7, 5, 2

15 3, 2, 1   **16** 5, 3, 6, 0

17 8살   **18** 6개

19 1   **20** 7명

---

1 8은 2와 6으로 가르기할 수 있습니다.

2 3과 2를 모으기하면 5입니다.

3 7과 2를 모으기하면 9입니다.
6은 1과 5로 가르기할 수 있습니다.

4 ㉢ 9는 1과 8로 가르기할 수 있습니다.

5 모자 3개와 4개를 더하면 7개이므로 3+4=7 또는 4+3=7입니다.

6 별 7개 중에서 떨어진 2개를 빼면 5개가 줄에 매달려 있으므로 7―2=5입니다.

7 점 6개와 2개를 더하면 8개가 되므로
6+2=8 또는 2+6=8입니다.

8 4는 3과 1로 가르기할 수 있습니다.
➡ 4―3=1, 4―1=3

9 빈 꽃병의 꽃의 수는 0이라고 할 수 있으므로
4+0=4입니다.

10 (2) 0+(어떤 수)=(어떤 수)이므로 0+9=9
(4) 0―0=0

11 합: 4+2=6
차: 4―2=2

12 3+5=8 ➡ 8―4=4

13 =를 기준으로 오른쪽의 수가 왼쪽의 두 수보다 크면 덧셈식이고, 오른쪽의 수가 가장 왼쪽의 수보다 작으면 뺄셈식입니다.

14 세 수로 2개의 덧셈식과 2개의 뺄셈식을 만들 수 있습니다.
➡ 5+2=7, 2+5=7, 7―5=2, 7―2=5

15 4+2=6, 8―1=7, 0+9=9
따라서 계산 결과가 큰 수부터 차례로 쓰면 9, 7, 6 입니다.

16 두 수의 합이 7인 덧셈식은 0+7=7, 1+6=7, 2+5=7, 3+4=7, 4+3=7, 5+2=7, 6+1=7, 7+0=7입니다.

17 누나는 6살인 민호보다 2살 더 많으므로
6+2=8(살)입니다.

18 9개 중에서 3개를 먹었으므로 남은 사탕은
9―3=6(개)입니다.

19 (서술형) (예) ㉠ 4보다 2만큼 더 큰 수는 6입니다.
㉡ 4보다 3만큼 더 큰 수는 7입니다.
7―6=1이므로 ㉡은 ㉠보다 1만큼 더 큰 수입니다.

평가 기준	배점
㉠과 ㉡을 각각 구했나요?	3점
㉡은 ㉠보다 얼마만큼 더 큰 수인지 구했나요?	2점

참고 | 기준이 되는 수 4가 같으므로 몇 만큼 더 큰 수인지만 비교하면 3 이 2보다 1만큼 더 큰 수이므로 ㉡은 ㉠보다 1만큼 더 큰 수입니다.

20 (서술형) (예) 소윤이네 모둠에서 안경을 쓴 학생은 4명이고, 안경을 쓰지 않은 학생은 4―1=3(명)입니다. 따라서 소윤이네 모둠의 학생은 모두 4+3=7(명)입니다.

평가 기준	배점
소윤이네 모둠의 안경을 쓰지 않은 학생 수를 구했나요?	2점
소윤이네 모둠의 전체 학생 수를 구했나요?	3점

4 비교하기

길이, 무게, 넓이, 들이를 비교하는 학습입니다.
이 단원에서 비교하기는 정확한 양의 측정값에 대한 비교하기
가 아니라 측정 이전 단계에서의 비교 활동을 말합니다. 즉 여
러 가지 대상을 비교하기 위해 관찰과 구체물 조작을 통하여
직관적으로 또는 직접적으로 길이, 무게, 넓이, 들이를 비교
하는 활동을 합니다. 그 과정에서 양에 대한 개념(양의 속성과
보존성)과 양을 표현하는 다양한 용어(길다, 짧다, 무겁다, 가
볍다, 넓다, 좁다, 많다, 적다 등)를 경험하게 합니다.

교과서 개념 이해 1 길이는 한쪽 끝을 맞추고 다른 쪽 끝을 비교해.
100~101쪽

1 (1) ( ) (2) (○)
    (○) ( )

2 짧습니다에 ○표 / 있습니다에 ○표

3 (1) (△) ( ) (2) ( ) (△)

4 진아, 소희

5 예

6 ( )
(○)
(△)

1 (2) 오른쪽 끝이 맞추어져 있으므로 왼쪽 끝이 더 많이
나온 자가 가위보다 더 깁니다.

2 왼쪽 끝이 맞추어져 있으므로 오른쪽 끝이 더 많이 나
온 필통이 더 깁니다.
필통이 더 길므로 연필을 필통에 넣을 수 있습니다.

3 아래쪽 끝이 맞추어져 있으므로 위쪽 끝이 더 적게 올
라간 것이 더 낮습니다.
참고 ㅣ • 길이: 한쪽 끝에서 다른 한쪽 끝까지의 거리
      • 높이: 아래쪽 끝에서 위쪽 끝까지의 길이

4 아래쪽 끝이 맞추어져 있으므로 위쪽 끝이 더 많이 올
라간 진아의 키가 더 큽니다.

6 왼쪽 끝이 맞추어져 있으므로 오른쪽 끝이 가장 많이
나온 붓이 가장 길고, 오른쪽 끝이 가장 적게 나온 크
레파스가 가장 짧습니다.

교과서 개념 이해 2 무게는 손으로 들어 보거나 저울을 이용하여 비교해.
102~103쪽

1 (1) (○) ( ) (2) ( ) (○)

2 무겁습니다에 ○표

3 (1) ( ) (○) (2) (○) ( )

4   **5** 3, 2, 1

6 ( ) (○) (△)

1 손으로 들어 보았을 때 어느 것을 드는 게 더 힘이 들
지 생각해 봅니다.

2 저울은 무거운 쪽이 아래로 내려갑니다.

4 무거운 것부터 차례로 쓰면 트럭, 자동차, 자전거입니다.

5 구슬이 적게 들어 있을수록 가벼우므로 차례로 3, 2,
1을 씁니다.

6 동물들의 무게는 몸집으로 비교할 수 있습니다. 코끼리
의 몸집이 가장 크므로 코끼리가 가장 무겁고, 병아리
의 몸집이 가장 작으므로 병아리가 가장 가볍습니다.

교과서 개념 이해 3 넓이는 눈으로 확인하거나 직접 겹쳐 보며 비교해.
104~105쪽

1 (1) ( ) (○) (2) (○) ( )

2 나

3 (1)   (2)

4 3, 1, 2   **5** 접시, 피자

6 ( ) (○) (△)

2 겹쳐 보았을 때 남는 부분이 있는 나가 더 넓습니다.

3 겹쳐 보았을 때 남는 부분이 없는 것에 색칠합니다.

4 같은 크기의 ▨가 순서대로 1칸, 4칸, 2칸입니다.
칸 수가 많을수록 넓습니다.

5 겹쳐 보았을 때 남는 부분이 있는 것은 접시이므로 접
시는 피자보다 더 넓습니다.

6 신문지가 가장 넓고 수첩이 가장 좁습니다.

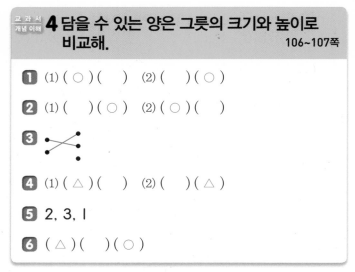

4 담을 수 있는 양은 그릇의 크기와 높이로 비교해. 106~107쪽

1 (1) (○) ( ) (2) ( ) (○)

2 (1) ( ) (○) (2) (○) ( )

3 (연결선 표시)

4 (1) (△) ( ) (2) ( ) (△)

5 2, 3, 1

6 (△) ( ) (○)

1 (1) 욕조가 세숫대야보다 더 크므로 담을 수 있는 양이 더 많은 것은 욕조입니다.
   (2) 냄비가 컵보다 더 크므로 담을 수 있는 양이 더 많은 것은 냄비입니다.

2 그릇의 모양과 크기가 같으므로 물의 높이가 높을수록 담긴 물의 양이 더 많습니다.

3 세 개의 그릇 중에서 담을 수 있는 양이 가장 많은 것은 🥣 이고, 담을 수 있는 양이 가장 적은 것은 🥤입니다.

4 우유의 높이가 같으므로 컵의 크기가 더 작은 쪽이 우유가 더 적게 담겨 있습니다.

5 그릇의 모양과 크기가 같으므로 물의 높이가 높을수록 담긴 물의 양이 더 많습니다.

6 그릇의 크기가 클수록 담을 수 있는 양이 많으므로 그릇의 크기를 살펴봅니다.

개념 적용 1 길이 비교하기 108~109쪽

1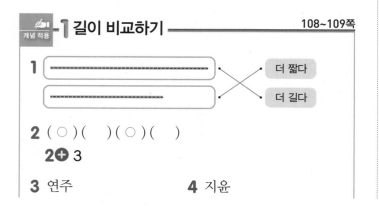
   더 짧다 / 더 길다 (연결선 표시)

2 (○) ( ) (○) ( )
   2➕ 3

3 연주   4 지윤

---

5 민우

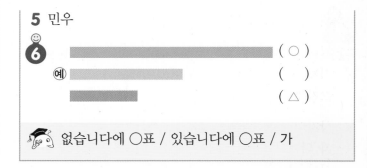

6 (○)
예 ( )
(△)

👨‍🎓 없습니다에 ○표 / 있습니다에 ○표 / 가

1 선을 따라 그려 보면 위쪽이 더 길고, 아래쪽이 더 짧습니다.

2 양초보다 더 긴 것은 효자손과 연결 모형입니다.
   ➕ 자와 딱풀 3개의 양쪽 끝이 맞추어져 있으므로 자의 길이는 딱풀로 3번 잰 것과 같습니다.

3 연주: 파는 당근보다 더 깁니다.

4 양쪽 끝이 맞추어져 있으므로 줄넘기 줄이 많이 구부러져 있는 지윤이의 줄넘기 줄이 더 깁니다.

5 위쪽이 맞추어져 있으므로 아래쪽을 비교하면 아래쪽이 가장 많이 내려온 민우가 가장 큽니다.

☺ 내가 만드는 문제
6 색 테이프를 그릴 때에는 주어진 두 색 테이프와 길이가 달라야 합니다.

개념 적용 2 무게 비교하기 110~111쪽

7 (○) ( )   8 딸기, 멜론

9 ( ) (○) ( )   10 모자

11 (연결선 표시)

12 예 ⬡에 나, ⬡에 다, 라, 마

👨‍🎓 가볍습니다에 ○표 / 무겁습니다에 ○표

7 가벼운 물건을 올려놓으면 종이 받침대가 그대로 유지되고, 무거운 물건을 올려놓으면 종이 받침대가 무너져 내립니다.
   따라서 더 무거운 것은 수박입니다.

8 무게를 비교하면 딸기가 가장 가볍고 멜론이 가장 무겁습니다.
   따라서 오렌지는 딸기보다 더 무겁고 멜론보다 더 가볍습니다.

9 책상보다 더 가벼운 것은 선풍기입니다.

10 가벼울수록 용수철이 적게 늘어납니다. 용수철이 가장 적게 늘어난 물건은 모자이므로 가장 가벼운 물건은 모자입니다.

11 상자의 찌그러진 정도를 보고 가장 많이 찌그러진 상자 위에서는 가장 무거운 동물이, 가장 적게 찌그러진 상자 위에서는 가장 가벼운 동물이 잠을 잤음을 알 수 있습니다.

😊 내가 만드는 문제
12 저울이 오른쪽으로 기울어져 있으므로 오른쪽 ◯에 있는 쌓기나무가 왼쪽 ◯에 있는 쌓기나무보다 더 많아야 합니다.
따라서 ◯에 가를 고르면 ◯에 들어갈 수 있는 쌓기나무는 나, 다, 라, 마이고, ◯에 나를 고르면 ◯에 들어갈 수 있는 쌓기나무는 다, 라, 마이고, ◯에 다를 고르면 ◯에 들어갈 수 있는 쌓기나무는 라, 마이고, ◯에 라를 고르면 ◯에 들어갈 수 있는 쌓기나무는 마입니다.
주의 | ◯에 마를 고르는 경우 ◯에 들어갈 수 있는 쌓기나무는 없습니다.

개념 적용 **3** **넓이 비교하기** ────────── 112~113쪽

13 ( )( )(◯)

14 예
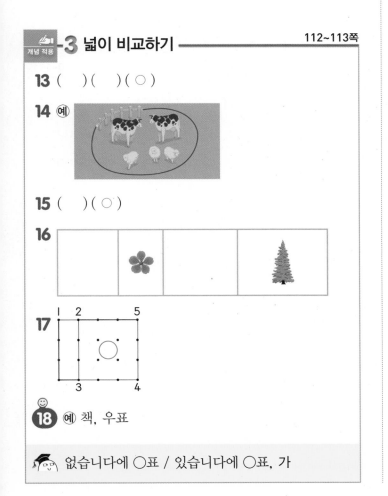

15 ( )(◯)

16

	✿		🌲

17

😊
18 예 책, 우표

🎓 없습니다에 ◯표 / 있습니다에 ◯표, 가

---

13 부채의 펼쳐진 정도가 가장 넓은 것에 ◯표 합니다.

14 그려 넣은 울타리 안에 소와 양이 모두 있어야 합니다.

15 보기 의 칸 수는 6칸이고 왼쪽은 5칸, 오른쪽은 9칸이므로 보기 보다 더 넓은 것은 오른쪽입니다.

16

①	②	③	④

가장 넓은 곳은 ④번이고 가장 좁은 곳은 ②번입니다.
따라서 ④번에 나무 붙임딱지, ②번에 꽃 붙임딱지를 붙입니다.

17 그려진 네모의 넓이를 비교하면 오른쪽이 왼쪽보다 더 넓습니다.

😊 내가 만드는 문제
18 넓이 비교를 바르게 하여 물건의 이름을 썼는지 확인합니다.

개념 적용 **4** **담을 수 있는 양 비교하기** ────── 114~115쪽

19 ( )( )(◯)
19➕ ( )(◯)( )

20 가   **21** 다, 나

22 선우

😊
23

🎓 가 / 나

---

19 물의 높이가 같으므로 그릇의 크기를 비교합니다.
➕ 그릇의 크기가 클수록 들이가 더 많습니다.

20 보기 의 컵보다 담을 수 있는 양이 더 많아야 물을 모두 옮겨 담을 수 있습니다.

22 컵의 모양과 크기가 같으므로 주스의 높이가 가장 높은 컵에 주스가 가장 많이 들어 있습니다. 주스를 적게 마실수록 컵에 남은 주스가 많으므로 선우가 주스를 가장 적게 마셨습니다.

😊 내가 만드는 문제
23 담을 수 있는 양이 컵보다 많고 생수통보다 적은 국그릇이나 주전자를 붙였으면 정답으로 인정합니다.

발전 문제
개념 완성

116~118쪽

1 ㉢	**1⁺** ㉡
2 가	**2⁺** 가, 다
3 나	**3⁺** 가
4 ㉮	**4⁺** 당근
5 은재	**5⁺** 닭
6 유민	**6⁺** 서윤

1 ㉠은 연결 모형 4개, ㉡은 연결 모형 5개, ㉢은 연결 모형 3개로 만든 것이므로 가장 짧은 것은 ㉢입니다.

1⁺ ㉠은 연결 모형 4개, ㉡은 연결 모형 6개, ㉢은 연결 모형 3개, ㉣은 연결 모형 5개로 만든 것이므로 가장 긴 것은 ㉡입니다.

2 터널을 통과하려면 트럭의 높이는 터널보다 낮아야 합니다. 따라서 터널을 통과할 수 있는 트럭은 가입니다.

2⁺ 터널을 통과하려면 트럭의 높이는 터널보다 낮아야 합니다. 따라서 터널을 통과할 수 있는 트럭은 가, 다입니다.

3 그릇 가에 가득 담았던 물로 그릇 나를 가득 채울 수 없습니다.
따라서 담을 수 있는 양이 더 많은 그릇은 나입니다.

3⁺ 컵 가에 가득 담았던 물을 컵 나에 부으면 컵 나에 가득 채우고도 컵 가에 물이 남습니다.
따라서 담을 수 있는 양이 더 많은 컵은 가입니다.

4 ㉮는 4칸, ㉯는 2칸, ㉰는 3칸입니다.
따라서 가장 넓은 것은 ㉮입니다.

4⁺ 배추는 4칸, 당근은 5칸, 호박은 3칸입니다.
따라서 가장 넓은 곳에 심은 것은 당근입니다.

5 선호는 지민이보다 더 가볍고 은재보다 더 무겁습니다.
따라서 가벼운 사람부터 차례로 쓰면 은재, 선호, 지민이므로 가장 가벼운 사람은 은재입니다.

5⁺ 닭은 고양이보다 더 가볍고 강아지보다 더 가벼우므로 닭이 가장 가볍습니다.

6 위쪽이 맞추어져 있으므로 아래쪽을 비교합니다.
아래쪽으로 가장 많이 내려온 유민이가 가장 큽니다.

6⁺ 위쪽이 맞추어져 있으므로 아래쪽을 비교합니다.
아래쪽으로 가장 많이 내려온 서윤이가 가장 큽니다.

단원 평가
4단원

119~121쪽

1 ( )
(△)

2 (○)( )

3 (○)( )

4 (그림)

5 (도형)

6 (○)( )

7 ( )
(○)
( )

8 ( )(△)(○)

9 ( )(△)( )

10 2, 3, 1

11 (1) 깁니다에 ○표 (2) 가볍습니다에 ○표

12 2개

13 (도형) 에 ○표

14 민수

15 야구공, 축구공, 볼링공

16 ㉡

17 ㉯

18 은유

19 철우

20 ㉯

1 왼쪽 끝이 맞추어져 있으므로 오른쪽 끝이 더 적게 나온 크레파스가 더 짧습니다.

2 아래쪽이 맞추어져 있으므로 위쪽으로 더 많이 올라간 왼쪽 빌딩이 더 높습니다.

3 왼쪽 옷의 소매가 오른쪽 옷의 소매보다 더 깁니다.

4 냉장고는 들기 힘들고 축구공은 들기 쉬우므로 냉장고가 축구공보다 더 무겁습니다.

5 겹쳐 보았을 때 남는 부분이 있는 것은 왼쪽이므로 왼쪽이 더 넓습니다.

6 물의 높이가 같으므로 옆으로 더 큰 왼쪽 그릇에 물이 더 많이 담겨 있습니다.

7 왼쪽 끝이 맞추어져 있으므로 오른쪽 끝이 가장 많이 나온 붓이 가장 깁니다.

8 아래쪽이 맞추어져 있으므로 위쪽을 비교하면 오른쪽 사람이 가장 크고 가운데 사람이 가장 작습니다.

9 겹쳐 보았을 때 남는 부분이 많을수록 넓으므로 이불이 가장 넓고 손수건이 가장 좁습니다.

10 그릇이 클수록 담을 수 있는 양이 많습니다.

12 붓보다 더 짧은 물건은 휴대전화, 연필로 2개입니다.

13 보기 의 칸 수는 4칸이고 왼쪽은 3칸, 오른쪽은 5칸이므로 보기 보다 더 넓은 것은 오른쪽입니다.

14 지선이는 윤아보다 더 무겁고 민수보다 더 가볍습니다. 따라서 몸무게가 무거운 사람부터 차례로 쓰면 민수, 지선, 윤아이므로 가장 무거운 사람은 민수입니다.

15 더 가벼운 공을 왼쪽에 쓰고 더 무거운 공을 오른쪽에 씁니다.

16 양쪽 끝이 모두 맞추어져 있으므로 줄이 많이 구부러져 있을수록 폈을 때의 길이가 깁니다. 따라서 가장 긴 줄은 ⓒ입니다.

17 ㉮의 물을 ㉯에 부었을 때 ㉯가 가득 차지 않았으므로 ㉯에 더 많은 양의 물을 담을 수 있습니다.

18 위쪽이 맞추어져 있으므로 아래쪽을 비교합니다. 아래쪽으로 가장 많이 내려온 은유가 가장 큽니다.

서술형
19 예 방이 좁은 사람부터 차례로 쓰면 민주, 주하, 철우입니다.
따라서 철우의 방이 가장 넓습니다.

평가 기준	배점
세 사람의 방의 넓이를 비교했나요?	3점
누구의 방이 가장 넓은지 구했나요?	2점

서술형
20 예 학교에서 집까지 가는 길 중 ㉮는 8칸이고 ㉯는 6칸입니다.
따라서 ㉯가 ㉮보다 더 가깝습니다.

평가 기준	배점
㉮와 ㉯는 각각 몇 칸인지 구했나요?	3점
㉮와 ㉯ 중 어느 길이 더 가까운지 구했나요?	2점

5 50까지의 수

이 단원에서는 처음으로 두 자리 수를 배우게 됩니다. 우리가 사용하는 수는 십진법에 따른 것으로 0부터 9까지의 수만으로 모든 수를 나타낼 수 있습니다. 그리고 10을 단위로 합니다. 따라서 0부터 9까지의 수는 모두 다르게 나타내지만 9 다음의 수는 새로운 형태가 아니라 1과 0을 사용하여 새로운 '단위'를 사용합니다. 즉, 수의 자리, 자릿값의 개념이 도입됩니다. 1은 1을 나타내지만 10에서의 1은 10을, 100에서의 1은 100을 나타내게 되는 것이지요. 이러한 자릿값의 개념은 이후 배우게 되는 더 큰 수들과 연계될 뿐만 아니라 사칙연산, 중등에서의 다항식과도 연계되므로 처음 두 자리 수를 학습할 때부터 기초를 잘 다질 수 있도록 지도합니다.

교과서 개념 이해 **1** 9보다 1만큼 더 큰 수는 10이야. 124쪽

1 10, 열

2 예 ◇◇◇◇◇◇◇◇◇◇

3 (1) 10 (2) 7

2 9개보다 1개만큼 더 많게 색칠합니다.

3 (1) 빨간색 구슬 6개와 노란색 구슬 4개를 모으기하면 10개가 됩니다.
(2) 구슬 10개는 초록색 구슬 3개와 보라색 구슬 7개로 가르기할 수 있습니다.

교과서 개념 이해 **2** 10개씩 묶음 1개와 낱개로 이루어진 수는 십몇이야. 125~126쪽

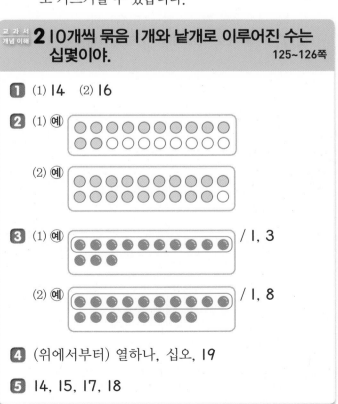

1 (1) 14 (2) 16

2 (1) 예
(2) 예

3 (1) 예 / 1, 3
(2) 예 / 1, 8

4 (위에서부터) 열하나, 십오, 19

5 14, 15, 17, 18

1 (1) 10개씩 묶음 1개와 낱개 4개는 14입니다.
  (2) 10개씩 묶음 1개와 낱개 6개는 16입니다.

2 (1) 12는 10개씩 묶음 1개와 낱개 2개를 색칠합니다.
  (2) 19는 10개씩 묶음 1개와 낱개 9개를 색칠합니다.

3 (1) 10개씩 묶음 1개와 낱개 3개는 13입니다.
  (2) 10개씩 묶음 1개와 낱개 8개는 18입니다.

4 10개씩 묶음 1개와 낱개 1개 ➡ 11, 십일, 열하나
  10개씩 묶음 1개와 낱개 5개 ➡ 15, 십오, 열다섯
  10개씩 묶음 1개와 낱개 9개 ➡ 19, 십구, 열아홉

5 11부터 19까지의 수를 순서대로 쓰면 11, 12, 13, 14, 15, 16, 17, 18, 19입니다.

교과서 개념 이해 3 19까지의 수를 모으기와 가르기해 보자. 127쪽

1 (1) 13 (2) 8, 4

2 (1) 15 (2) 13 (3) 8 (4) 8

1 (1) 빨간색 단추 7개와 파란색 단추 6개를 모으기하면 13개가 됩니다.
  (2) 단추 12개를 8개와 4개로 가르기할 수 있습니다.

2 (1) 7과 8을 모으기하면 15입니다.
  (2) 4와 9를 모으기하면 13입니다.
  (3) 11은 3과 8로 가르기할 수 있습니다.
  (4) 17은 9와 8로 가르기할 수 있습니다.

개념 적용 1 10 알아보기 128~129쪽

1 ⬜(10칸), 10   **2** (○)( )(○)

3 5, 10 / 10, 6   **4** 4

5 ♥♥♥♥♥♥♥♥♡♥ / 2

6 십에 ○표, 열에 ○표, 열에 ○표

😊 **7** (1) 예 10, 1 (2) 예 5, 5

🎓 열, 십, 열

---

2 하나부터 열까지 세어 10인 것에 모두 ○표 합니다.
  • 음료수: 10개 • 우유: 9개 • 쿠키: 10개

3 5와 5를 모으기하면 10입니다.
  10은 4와 6으로 가르기할 수 있습니다.

4 6에서 오른쪽으로 4칸을 가면 10이 됩니다.

5 ♥가 8개 있으므로 8, 9, 10으로 수를 이어 세어 가며 붙임딱지를 2개 더 붙입니다.

6 10은 십 또는 열이라고 읽습니다.

😊 내가 만드는 문제
7 (2) 10은 9보다 1만큼 더 큰 수입니다.
  10은 8보다 2만큼 더 큰 수입니다.
  10은 7보다 3만큼 더 큰 수입니다.
  ⋮

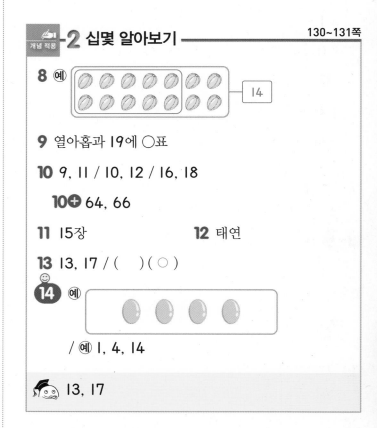

개념 적용 2 십몇 알아보기 130~131쪽

8 예 [14]

9 열아홉과 19에 ○표

10 9, 11 / 10, 12 / 16, 18

10⊕ 64, 66

11 15장   **12** 태연

13 13, 17 / ( )(○)

😊 **14** 예

/ 예 1, 4, 14

🎓 13, 17

---

8 10개씩 묶음 1개와 낱개 4개는 14입니다.

9 호박의 수는 10개씩 묶음 1개와 낱개 9개이므로 19입니다. 19는 십구 또는 열아홉이라고 읽습니다.

10 1만큼 더 작은 수는 낱개의 수가 1만큼 더 작은 수이고, 1만큼 더 큰 수는 낱개의 수가 1만큼 더 큰 수입니다.

11 10장씩 묶음 1개와 낱개 5장은 15장입니다.

12 은주: 십사 마리 ➡ 열네 마리

13 옥수수의 수는 13, 가지의 수는 17입니다.
17은 13보다 큽니다.

😊 내가 만드는 문제
14 붙임딱지의 수가 낱개의 수가 되어 십몇을 나타냅니다.

---

19 12를 두 수로 가르기하여 더 큰 수만큼 내가 사과를
가지도록 붙임딱지를 붙입니다.

😊 내가 만드는 문제
20 같은 수로 가르기했어도 순서가 다른 경우 예 9와 6,
6과 9는 정답으로 인정합니다.

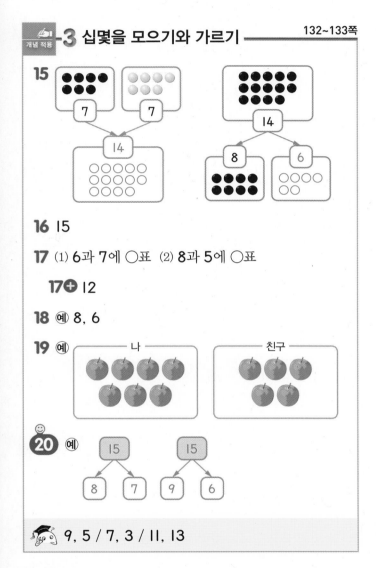

개념 적용 **3 십몇을 모으기와 가르기**   132~133쪽

16 15

17 (1) 6과 7에 ○표   (2) 8과 5에 ○표

17➕ 12

18 예 8, 6

19 예

나	친구

😊
20 예

9, 5 / 7, 3 / 11, 13

---

15 7과 7을 모으기하면 14입니다.
14는 8과 6으로 가르기할 수 있습니다.

16 15칸 중 9칸이 파란색, 6칸이 빨간색으로 칠해져 있습
니다. 9와 6으로 가르기할 수 있는 수는 15입니다.

17 (1) 6과 7을 모으기하면 13이므로 6과 7에 ○표 합니다.
(2) 8과 5를 모으기하면 13이므로 8과 5에 ○표 합니다.
➕ 7개하고 5개 더 있으므로 7하고 8, 9, 10, 11, 12입니다.

18 별 모양이 8개, 하트 모양이 6개이므로 14는 8과 6
또는 6과 8로 가르기할 수 있습니다.

교 과 서
개념 이해 **4 10개씩 묶음과 낱개 0으로 이루어진 수가
몇십이야.**   134쪽

1 (1) 2, 0 / 20   (2) 4, 0 / 40

2 30 / 삼십, 서른

교 과 서
개념 이해 **5 10개씩 묶음과 낱개로 이루어진 수가
몇십몇이야.**   135쪽

1 (1) 6 / 36 / 삼십육, 서른여섯
(2) 4, 3 / 43 / 사십삼, 마흔셋

2 (1) (왼쪽에서부터) 5, 25
(2) (왼쪽에서부터) 40, 6, 46

1 (1) 10개씩 묶음 3개와 낱개 6개는 36입니다.
(2) 10개씩 묶음 4개와 낱개 3개는 43입니다.

2 10개씩 묶음 ▲개와 낱개 ●개는 ▲●입니다.

교 과 서
개념 이해 **6 1만큼 더 작은 수는 바로 앞의 수,
1만큼 더 큰 수는 바로 뒤의 수야.**   136쪽

1 (1) 36, 36   (2) 40, 40

2 (1) (위에서부터) 13, 15, 17, 18, 22, 24
(2) (위에서부터) 37, 40, 43, 44, 46, 49, 50

3 (1) 26, 28   (2) 48, 50

1 (1) 바로 앞의 수   (2) 바로 뒤의 수

36   37   39   40

1만큼 더   1만큼 더
작은 수   큰 수

2 (1) 11부터 25까지의 수를 순서대로 씁니다.
(2) 36부터 50까지의 수를 순서대로 씁니다.

3 수직선의 눈금 한 칸은 1을 나타내므로 오른쪽으로 갈
수록 1씩 커집니다.

교과서 개념 이해 7 먼저 10개씩 묶음의 수의 크기를 비교해 봐.
137쪽

1 큽니다에 ○표

2 23 / 23, 28

1 10개씩 묶음의 수를 비교하면 4가 3보다 크므로 41은 34보다 큽니다.

2 10개씩 묶음의 수가 2로 같고 낱개는 8개, 3개이므로 낱개의 수가 더 큰 28이 23보다 큽니다.

개념 적용 4 10개씩 묶어 세기
138~139쪽

1 40 / 사십, 마흔

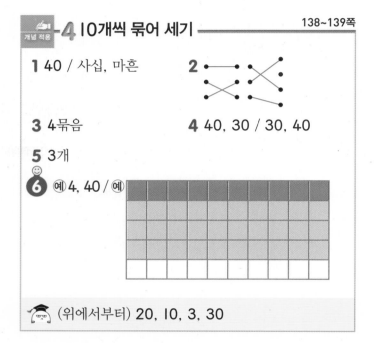

2

3 4묶음

4 40, 30 / 30, 40

5 3개

6 예) 4, 40 / 예)

(위에서부터) 20, 10, 3, 30

1 10개씩 묶음이 4개이므로 40입니다.
40은 사십 또는 마흔이라고 읽습니다.

2 10개씩 묶음 2개는 20이고 이십 또는 스물이라고 읽습니다.
10개씩 묶음 5개는 50이고 오십 또는 쉰이라고 읽습니다.
10개씩 묶음 3개는 30이고 삼십 또는 서른이라고 읽습니다.

3 40은 10개씩 묶음이 4개입니다. 따라서 클립은 10개씩 묶음으로만 판매하므로 모두 4묶음을 사야 합니다.

4 노란색 모형의 수는 30이고, 빨간색 모형의 수는 40입니다.

5 오른쪽 모양은 🧊 10개로 이루어져 있고 주어진 🧊은 30개입니다.

따라서 30은 10개씩 묶음 3개이므로 🧊으로 주어진 모양을 3개 만들 수 있습니다.

개념 적용 5 50까지의 수 세어 보기
140~141쪽

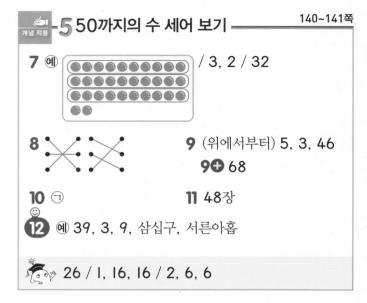

7 예) / 3, 2 / 32

8

9 (위에서부터) 5, 3, 46
9+ 68

10 ㉠

11 48장

12 예) 39, 3, 9, 삼십구, 서른아홉

26 / 1, 16, 16 / 2, 6, 6

7 구슬을 10개씩 묶어 보면 10개씩 묶음 3개와 낱개 2개입니다. 따라서 30과 2이므로 32입니다.

8 10개씩 묶음 4개와 낱개 2개는 40과 2이므로 42이고 마흔둘이라고 읽습니다.
10개씩 묶음 3개와 낱개 4개는 30과 4이므로 34이고 서른넷이라고 읽습니다.
10개씩 묶음 2개와 낱개 6개는 20과 6이므로 26이고 스물여섯이라고 읽습니다.

9 25는 10개씩 묶음 2개와 낱개 5개입니다.
37은 10개씩 묶음 3개와 낱개 7개입니다.
10개씩 묶음 4개와 낱개 6개는 46입니다.

10 ㉠ 이십팔 번, ㉡ 스물여덟 장, ㉢ 스물여덟 살
따라서 읽는 방법이 다른 하나는 ㉠입니다.

11 10장씩 묶음 4개와 낱개 8장은 48장입니다.
따라서 진영이가 가지고 있는 엽서는 모두 48장입니다.

개념 적용 6 50까지 수의 순서 알아보기
142~143쪽

13

1	2	3	4	5	6	7	8	9	10
11	12	13	14	15	16	17	18	19	20
21	22	23	24	25	26	27	28	29	30
31	32	33	34	35	36	37	38	39	40
41	42	43	44	45	46	47	48	49	50

14 38, 39, 40, 41, 42, 43

15 (1) 19 (2) 25, 26 **15➕** 68

16 (1) 29, 30, 31, 32 / 30 (2) 41, 42, 43, 44 / 42

17 37, 38, 39, 40

18 예

10　15　20　29 30　40　44　50

같습니다에 ○표, 같습니다에 ○표, 38, 36

13 1부터 50까지의 수를 순서대로 씁니다.

14 38이 가장 작은 수이므로 38부터 순서대로 수를 찾아 써넣습니다.

15 (1) 18부터 20까지의 수를 순서대로 쓰면 18, 19, 20이므로 18과 20 사이에 있는 수는 19입니다.
(2) 24부터 27까지의 수를 순서대로 쓰면 24, 25, 26, 27이므로 24와 27 사이에 있는 수는 25, 26입니다.
➕ 수를 순서대로 쓰면 67, 68, 69이므로 67과 69 사이에 있는 수는 68입니다.

16 수를 순서대로 쓰면 오른쪽으로 갈수록 1씩 커집니다.
(1) 28보다 2만큼 더 큰 수는 28부터 2만큼 이어 세면 29, 30이므로 30입니다.
(2) 39보다 3만큼 더 큰 수는 39부터 3만큼 이어 세면 40, 41, 42이므로 42입니다.

17 36과 41 사이에 있는 수에는 36과 41은 포함되지 않습니다. 따라서 36과 41 사이에 있는 수는 37, 38, 39, 40입니다.

내가 만드는 문제
18 수직선에서 정확한 위치보다 어림잡아 비슷한 위치에 나타내었으면 정답으로 인정합니다.
예를 들어 25는 20과 30의 중간에 나타내고 38은 30보다 40에 가까우므로 40에 가깝게 나타내면 됩니다.

개념 적용 7 수의 크기 비교하기　144~145쪽

19 46, 41 / 41, 46

20 (○)( ) **20➕** ( )(○)

21 ㉡

22 42에 ○표, 35에 △표

23 지아　　**24** 47, 48, 49, 50

25 예 15, 38, 46

13, 21

19 왼쪽 연결 모형이 나타내는 수는 41이고 오른쪽 연결 모형이 나타내는 수는 46입니다.
41과 46은 10개씩 묶음의 수가 같으므로 낱개의 수를 비교하면 46은 41보다 큽니다.

20 서른일곱 ➡ 37, 스물여덟 ➡ 28
37: 10개씩 묶음이 3개, 낱개가 7개
28: 10개씩 묶음이 2개, 낱개가 8개
10개씩 묶음의 수가 더 큰 37이 28보다 큽니다.

21 ㉠과 ㉡은 10개씩 묶음의 수가 같으므로 낱개의 수를 비교하면 ㉡이 ㉠보다 큽니다.
다른 풀이 | ㉠은 33, ㉡은 35이므로 33과 35의 크기를 비교하면 35가 33보다 큽니다.

22 수직선에서 세 수 중 42는 가장 오른쪽에, 35는 가장 왼쪽에 있습니다.
따라서 가장 큰 수는 42이고 가장 작은 수는 35입니다.

23 47과 45 중에서 더 작은 수를 알아봅니다.
10개씩 묶음의 수가 같으므로 낱개의 수를 비교하면 45가 47보다 작습니다.
따라서 동화책을 더 적게 읽은 사람은 지아입니다.

24 10개씩 묶음 4개와 낱개 6개인 수는 46입니다.
40부터 50까지의 수 중에서 46보다 큰 수는 47, 48, 49, 50입니다.

내가 만드는 문제
25 1보다 크고 50보다 작은 수를 작은 수부터 순서대로 써넣습니다.

발전 문제　146~148쪽

1 3개	**1➕** 4장
2 33	**2➕** 45
3 7개	**3➕** 6개
4 ㉡	**4➕** ㉡
5 16, 26	**5➕** 22, 33
6 14	**6➕** 43

1 7과 3을 모으기하면 10입니다.
따라서 구슬이 3개 더 필요합니다.

1⁺ 6과 4를 모으기하면 10입니다.
따라서 붙임딱지가 4장 더 필요합니다.

2 낱개 13개는 10개씩 묶음 1개와 낱개 3개입니다.
따라서 10개씩 묶음 2개와 낱개 13개인 수는 10개씩 묶음 2+1=3(개)와 낱개 3개이므로 33입니다.

2⁺ 낱개 15개는 10개씩 묶음 1개와 낱개 5개입니다.
따라서 10개씩 묶음 3개와 낱개 15개인 수는 10개씩 묶음 3+1=4(개)와 낱개 5개이므로 45입니다.

3

16은 4와 12로 가르기할 수 있으므로 진우에게 주고 남은 초콜릿은 12개입니다. 12는 5와 7로 가르기할 수 있으므로 혜미에게 주고 남은 초콜릿은 7개입니다.

(트리: 16 → 4, 12 → 5, 7)

3⁺

14는 5와 9로 가르기할 수 있으므로 언니에게 주고 남은 사탕은 9개입니다. 9는 3과 6으로 가르기할 수 있으므로 동생에게 주고 남은 사탕은 6개입니다.

(트리: 14 → 5, 9 → 3, 6)

4 ㉠ 43
㉡ 43부터 수를 순서대로 쓰면 43, 44, 45, ...이므로 43보다 1만큼 더 큰 수는 44입니다.
㉢ 44부터 거꾸로 세어 쓰면 44, 43, 42, 41, ...이므로 44보다 2만큼 더 작은 수는 42입니다.
따라서 43, 44, 42는 10개씩 묶음의 수가 모두 같으므로 낱개의 수를 비교하면 가장 큰 수는 ㉡ 44입니다.

4⁺ ㉠ 10개씩 묶음 3개와 낱개 2개인 수는 32입니다.
㉡ 35부터 거꾸로 세어 쓰면 35, 34, 33, ...이므로 35보다 1만큼 더 작은 수는 34입니다.
㉢ 29부터 수를 순서대로 쓰면 29, 30, 31, 32, ...이므로 29보다 2만큼 더 큰 수는 31입니다.
따라서 32, 34, 31은 10개씩 묶음의 수가 모두 같으므로 낱개의 수를 비교하면 가장 큰 수는 ㉡ 34입니다.

5 10과 30 사이에 있는 수이므로 10개씩 묶음의 수는 1 또는 2입니다.
낱개의 수가 6이므로 조건을 모두 만족하는 수는 16, 26입니다.

5⁺ 20과 40 사이에 있는 수이므로 10개씩 묶음의 수는 2 또는 3입니다. 10개씩 묶음의 수와 낱개의 수가 같은 수는 11, 22, 33, 44, ...입니다.
따라서 조건을 모두 만족하는 수는 22, 33입니다.

6 가장 작은 몇십몇을 만들어야 하므로 10개씩 묶음의 수도 가장 작게, 낱개의 수도 가장 작게 해야 합니다.
10개씩 묶음의 수가 될 수 있는 3, 1, 5 중 가장 작은 수는 1이므로 10개씩 묶음의 수는 1이 되어야 합니다.
낱개의 수가 될 수 있는 6, 4 중 더 작은 수는 4이므로 낱개의 수는 4가 되어야 합니다.
따라서 만들 수 있는 가장 작은 몇십몇은 14입니다.

6⁺ 가장 큰 몇십몇을 만들려면 가장 큰 수를 10개씩 묶음의 수로 하고 둘째로 큰 수를 낱개의 수로 해야 합니다. 1, 3, 2, 4 중에서 가장 큰 수는 4이고 둘째로 큰 수는 3이므로 만들 수 있는 몇십몇 중 가장 큰 수는 4를 10개씩 묶음의 수로, 3을 낱개의 수로 하는 43입니다.

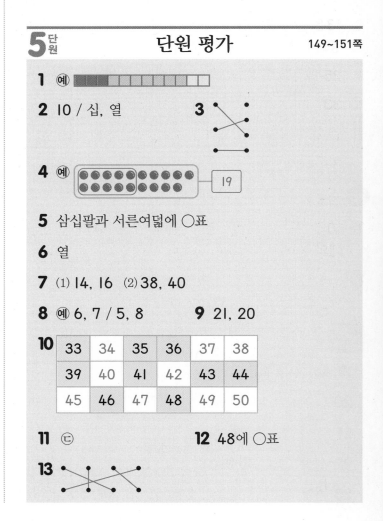

5단원 **단원 평가** 149~151쪽

1 예 (칸 채우기 그림)

2 10 / 십, 열

3 (선 잇기)

4 예 (바둑돌 그림) 19

5 삼십팔과 서른여덟에 ○표

6 열

7 (1) 14, 16 (2) 38, 40

8 예 6, 7 / 5, 8   **9** 21, 20

10

33	34	35	36	37	38
39	40	41	42	43	44
45	46	47	48	49	50

11 ㉢   **12** 48에 ○표

13 (선 잇기)

14 42, 35, 30, 27, 22

15 48

16 사과

17 38, 39

18 6장

19 정우

20 6명

1 1부터 10까지 순서대로 세면서 빈칸을 색칠합니다.

2 8보다 2만큼 더 큰 수는 10입니다.
10은 십 또는 열이라고 읽습니다.

3 10개씩 묶음 2개는 20(스물), 10개씩 묶음 3개는 30(서른), 10개씩 묶음 4개는 40(마흔)입니다.

4 10개씩 묶음 1개와 낱개 9개는 10과 9이므로 19입니다.

5 10개씩 묶음 3개와 낱개 8개는 30과 8이므로 38입니다.
38은 삼십팔 또는 서른여덟이라고 읽습니다.

6 개수를 나타낼 때에는 10을 열이라고 읽습니다.

7 수직선의 눈금 한 칸은 1을 나타내므로 오른쪽으로 갈수록 1씩 커집니다.

8 13은 1과 12, 2와 11, 3과 10, 4와 9, 5와 8, 6과 7 등으로 가르기할 수 있습니다.

9 25부터 수를 거꾸로 세어 봅니다.

10 33부터 1씩 커지도록 수를 순서대로 씁니다.

11 ㉠ 27에서 2는 10개의 묶음의 수이므로 20을 나타냅니다.
㉡ 27은 20과 7이므로 20보다 7만큼 더 큰 수입니다.
㉢ 30보다 1만큼 더 작은 수는 29입니다.

12 10개씩 묶음은 4로 같고 낱개는 8개, 4개이므로 낱개의 수가 더 큰 48이 44보다 더 큽니다.

13 모으기하여 15가 되는 수를 찾아봅니다.
➡ 9와 6, 10과 5, 3과 12, 7과 8

14 10개씩 묶음의 수를 비교하여 큰 수부터 쓰면 42, 35, 30, 22, 27입니다.
낱개의 수를 비교하면 35가 30보다 크고 27이 22보다 큽니다. 따라서 큰 수부터 차례로 쓰면 42, 35, 30, 27, 22입니다.

15 낱개 18개는 10개씩 묶음 1개와 낱개 8개와 같습니다.
따라서 10개씩 묶음이 모두 3+1=4(개)이고 낱개가 8개이므로 48입니다.

16 사과의 수와 참외의 수를 각각 10개씩 묶음의 수와 낱개의 수로 나타내 봅니다.
• 사과의 수: 10개씩 묶음 4개와 낱개 3개
• 참외의 수: 서른아홉 ➡ 39
➡ 10개씩 묶음 3개와 낱개 9개
따라서 10개씩 묶음의 수가 더 큰 사과가 참외보다 더 많습니다.

17 37보다 큰 수는 38, 39, 40, 41, 42, ...입니다.
이 중에서 10개씩 묶음의 수가 3인 수는 38, 39입니다.

18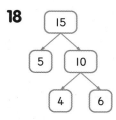
15는 5와 10으로 가르기할 수 있으므로 민수에게 주고 남은 딱지는 10장입니다.
10은 4와 6으로 가르기할 수 있으므로 상진이에게 주고 남은 딱지는 6장입니다.

서술형
19 예 26과 29는 10개씩 묶음의 수가 2로 같으므로 낱개의 수를 비교하면 9가 6보다 크므로 29가 26보다 큽니다.
따라서 우표를 더 많이 모은 사람은 정우입니다.

평가 기준	배점
두 수의 크기를 비교했나요?	3점
우표를 더 많이 모은 사람을 찾았나요?	2점

서술형
20 예 10부터 15까지의 수를 순서대로 쓰면 10, 11, 12, 13, 14, 15입니다.
따라서 10번부터 15번까지의 학생은 모두 6명입니다.

평가 기준	배점
10부터 15까지의 수를 순서대로 썼나요?	3점
10번부터 15번까지의 학생 수를 구했나요?	2점

사고력이 반짝 152쪽

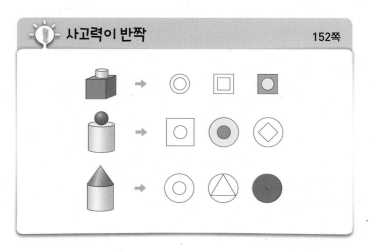

1 9까지의 수

➕ 개념 적용
2~5쪽

1

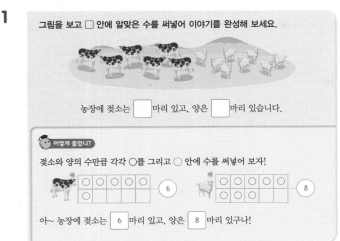

그림을 보고 □ 안에 알맞은 수를 써넣어 이야기를 완성해 보세요.

농장에 젖소는 □ 마리 있고, 양은 □ 마리 있습니다.

어떻게 풀었니?

젖소와 양의 수만큼 각각 ○를 그리고 ○ 안에 수를 써넣어 보자!

아~ 농장에 젖소는 6 마리 있고, 양은 8 마리 있구나!

2 7, 5

3

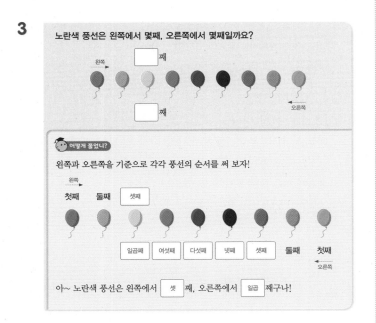

노란색 풍선은 왼쪽에서 몇째, 오른쪽에서 몇째일까요?

□째

□째

어떻게 풀었니?

왼쪽과 오른쪽을 기준으로 각각 풍선의 순서를 써 보자!

첫째 둘째 셋째 … 일곱째 여섯째 다섯째 넷째 셋째 둘째 첫째

아~ 노란색 풍선은 왼쪽에서 셋 째, 오른쪽에서 일곱 째구나!

4 넷, 여섯

5

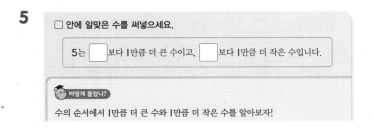

□ 안에 알맞은 수를 써넣으세요.

5는 □ 보다 1만큼 더 큰 수이고, □ 보다 1만큼 더 작은 수입니다.

어떻게 풀었니?

수의 순서에서 1만큼 더 큰 수와 1만큼 더 작은 수를 알아보자!

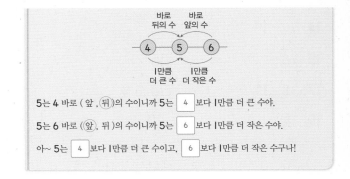

5는 4 바로 (앞 , 뒤)의 수이니까 5는 4 보다 1만큼 더 큰 수야.

5는 6 바로 ((앞), 뒤)의 수이니까 5는 6 보다 1만큼 더 작은 수야.

아~ 5는 4 보다 1만큼 더 큰 수이고, 6 보다 1만큼 더 작은 수구나!

6 6, 8   **7** 3, 9

8

6보다 작은 수는 모두 몇 개일까요?

5 9 4 2 7

어떻게 풀었니?

수의 순서에서 6보다 작은 수는 6 앞의 수인 걸 알았니?
6과 5, 9, 4, 2, 7을 작은 수부터 차례로 써 보자.

2 , 4 , 5 , 6 , 7 , 9
6보다 작은 수

6보다 작은 수는 6 앞의 수이니까 2 , 4 , 5 (이)야.

아~ 주어진 수 중에서 6보다 작은 수는 모두 3 개구나!

9 2개   **10** 3개

2

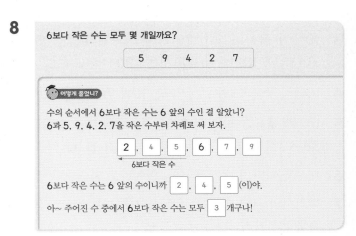

강아지 ○○○○○ ○○ … 7

고양이 ○○○○○ … 5

따라서 마당에 강아지는 **7**마리 있고, 고양이는 **5**마리 있습니다.

4

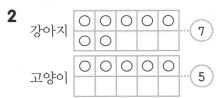

왼쪽 →
첫째 둘째 셋째 넷째 ○ ○ ○ ○ ○ ○
여섯째 다섯째 넷째 셋째 둘째 첫째
← 오른쪽

따라서 초록색 구슬은 왼쪽에서 넷째이고, 오른쪽에서 여섯째입니다.

6 • 7은 6 바로 뒤의 수이므로 7은 6보다 1만큼 더 큰 수입니다.
• 7은 8 바로 앞의 수이므로 7은 8보다 1만큼 더 작은 수입니다.

7 • 4는 3 바로 뒤의 수이므로 4는 3보다 1만큼 더 큰 수입니다. 따라서 ㉠에 알맞은 수는 3입니다.

- 8은 9 바로 앞의 수이므로 8은 9보다 1만큼 더 작은 수입니다. 따라서 ⓒ에 알맞은 수는 9입니다.

9 5와 주어진 수를 작은 수부터 차례로 쓰면 2, 3, <u>5</u>, 6, 8, 9입니다. 따라서 5보다 작은 수는 2, 3으로 모두 2개입니다.

10 4와 주어진 수를 작은 수부터 차례로 쓰면 1, 3, <u>4</u>, 5, 7, 8입니다. 따라서 4보다 큰 수는 5, 7, 8로 모두 3개입니다.

⊜ 쓰기 쉬운 서술형
6~11쪽

1 7, 8, 7, ⓒ / ⓒ

1-1 ⓒ

2 호랑이, 셋째 / 셋째

2-1 여섯째

2-2 2명

2-3 6명

3 9, 9 / 9자루

3-1 다섯, 오

3-2 6마리

3-3 7살

4 4, 5, 6, 4, 5, 6, 3 / 3개

4-1 2개

1-1 예 공깃돌의 수는 9입니다.
편 손가락의 수는 9, 구슬의 수는 9, 막대의 수는 8입니다. ──❶
따라서 나타내는 수가 공깃돌의 수와 다른 것을 찾아 기호를 쓰면 ⓒ입니다. ──❷

단계	문제 해결 과정
①	공깃돌, 편 손가락, 구슬, 막대의 수를 각각 썼나요?
②	나타내는 수가 공깃돌의 수와 다른 것을 찾아 기호를 썼나요?

2-1 예 오른쪽에서 셋째에 있는 채소는 양파입니다. ──❶
양파는 왼쪽에서 여섯째에 있습니다. ──❷

단계	문제 해결 과정
①	오른쪽에서 셋째에 있는 채소를 찾았나요?
②	오른쪽에서 셋째에 있는 채소는 왼쪽에서 몇째에 있는지 구했나요?

2-2 예

민아　　　　　근영
○　●　○　○　●　○
첫째 둘째 셋째 넷째 다섯째 여섯째

둘째와 다섯째 사이에 셋째, 넷째가 있습니다. ──❶
따라서 민아와 근영이 사이에 서 있는 학생은 2명입니다. ──❷

단계	문제 해결 과정
①	둘째와 다섯째 사이에 있는 순서를 썼나요?
②	민아와 근영이 사이에 서 있는 학생은 몇 명인지 구했나요?

2-3 예 (앞) 첫째　둘째　셋째
○　○　●　○　○　○
　　　　넷째 셋째 둘째 첫째 (뒤)

은채의 앞에 2명, 은채의 뒤에 3명이 들어왔습니다. ──❶

따라서 은채네 모둠은 모두 6명입니다. ──❷

단계	문제 해결 과정
①	은채의 앞과 뒤에 각각 몇 명이 들어왔는지 구했나요?
②	은채네 모둠은 모두 몇 명인지 구했나요?

3-1 예 컵케이크의 수는 6입니다. ──❶
6보다 1만큼 더 작은 수는 5입니다. ──❷
따라서 컵케이크의 수보다 1만큼 더 작은 수 5는 다섯 또는 오라고 읽습니다. ──❸

단계	문제 해결 과정
①	컵케이크의 수를 구했나요?
②	컵케이크의 수보다 1만큼 더 작은 수를 구했나요?
③	컵케이크의 수보다 1만큼 더 작은 수를 두 가지 방법으로 읽었나요?

3-2 예 코끼리는 사자보다 1마리 더 많으므로 사자는 코끼리보다 1마리 더 적습니다. ──❶
7보다 1만큼 더 작은 수는 6입니다.
따라서 동물원에 사자는 6마리 있습니다. ──❷

단계	문제 해결 과정
①	사자는 코끼리보다 몇 마리 더 적은지 썼나요?
②	동물원에 사자는 몇 마리 있는지 구했나요?

3-3 예 세진이는 5살이고 현희는 세진이보다 1살 더 많습니다.
5보다 1만큼 더 큰 수는 6이므로 현희는 6살입니다. ──❶

진아는 현희보다 1살 더 많습니다.
6보다 1만큼 더 큰 수는 7이므로 진아는 7살입니다. ──❷

단계	문제 해결 과정
①	현희가 몇 살인지 구했나요?
②	진아가 몇 살인지 구했나요?

4-1 예 5부터 9까지의 수를 순서대로 쓰면 5, 6, 7, 8, 9이므로 5와 9 사이에 있는 수는 6, 7, 8입니다. ──❶
이 중에서 8보다 작은 수는 6, 7입니다. ──❷
따라서 조건을 만족하는 수는 모두 2개입니다. ──❸

단계	문제 해결 과정
①	5와 9 사이에 있는 수를 모두 구했나요?
②	5와 9 사이에 있는 수 중에서 8보다 작은 수를 모두 구했나요?
③	조건을 만족하는 수는 모두 몇 개인지 구했나요?

7 1보다 1만큼 더 작은 수는 0이고 영이라고 읽습니다.

8 수를 큰 수부터 차례로 쓰면 9, 7, 4, 3입니다.

9

묶지 않은 나비의 수를 세면 하나이므로 묶지 않은 나비는 1마리입니다.

서술형
10 예 8은 7보다 1만큼 더 큰 수입니다. 따라서 시아가 승준이보다 초콜릿을 1개 더 많이 먹었습니다.

평가 기준	배점
8은 7보다 얼마만큼 더 큰 수인지 알았나요?	5점
누가 초콜릿을 몇 개 더 많이 먹었는지 구했나요?	5점

---

1 단원 수행 평가

12~13쪽

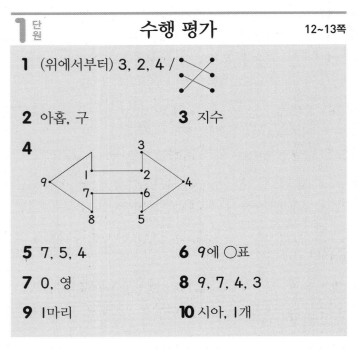

1 (위에서부터) 3, 2, 4 /

2 아홉, 구   **3** 지수

4

5 7, 5, 4   **6** 9에 ○표

7 0, 영   **8** 9, 7, 4, 3

9 1마리   **10** 시아, 1개

---

1 • 사과는 3개입니다. 3은 셋 또는 삼이라고 읽습니다.
　• 수박은 2개입니다. 2는 둘 또는 이라고 읽습니다.
　• 참외는 4개입니다. 4는 넷 또는 사라고 읽습니다.

2 곰 인형은 9개입니다.
9는 아홉 또는 구라고 읽습니다.

3 영아　지수　채원　효찬　태욱
　　│　　│　　│　　│　　│
　첫째　둘째　셋째　넷째　다섯째
따라서 앞에서 둘째에 서 있는 사람은 지수입니다.

4 1−2−3−4−5−6−7−8−9의 순서로 선을 잇습니다.

5 8부터 순서를 거꾸로 하여 수를 쓰면 8, 7, 6, 5, 4입니다.

6 수의 순서에서 9가 5보다 뒤에 있으므로 9는 5보다 큽니다.

2 여러 가지 모양

➕ 개념 적용

14~17쪽

1

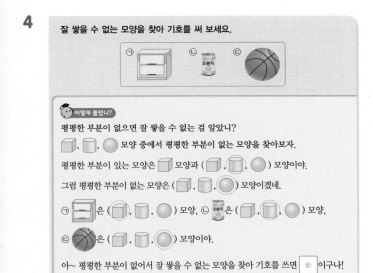

같은 모양끼리 모은 것입니다. 잘못 모은 것을 찾아 기호를 써 보세요.

> **어떻게 풀었니?**
>
> 모은 물건은 ▱, ⬭, ● 모양 중에서 어떤 모양인지 알아보자!
>
> ㉠은 (▱, ⬭, ●) 모양, ㉡은 (▱, ⬭, ●) 모양,
>
> ㉢은 (▱, ⬭, ●) 모양, ㉣은 (▱, ⬭, ●) 모양이야.
>
> 아~ 잘못 모은 것을 찾아 기호를 쓰면 ㉡ 이구나!

2 🥫에 ◯표

3 🍶에 ◯표

4

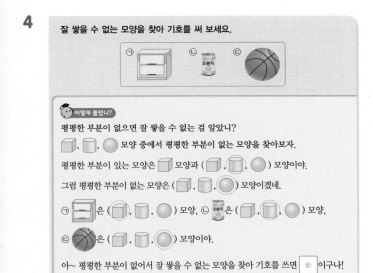

잘 쌓을 수 없는 모양을 찾아 기호를 써 보세요.

> **어떻게 풀었니?**
>
> 평평한 부분이 없으면 잘 쌓을 수 없는 걸 알았니?
>
> ▱, ⬭, ● 모양 중에서 평평한 부분이 없는 모양을 찾아보자.
>
> 평평한 부분이 있는 모양은 ▱ 모양과 (▱, ⬭, ●) 모양이야.
>
> 그럼 평평한 부분이 없는 모양은 (▱, ⬭, ●) 모양이겠네.
>
> ㉠은 (▱, ⬭, ●) 모양, ㉡은 (▱, ⬭, ●) 모양,
>
> ㉢은 (▱, ⬭, ●) 모양이야.
>
> 아~ 평평한 부분이 없어서 잘 쌓을 수 없는 모양을 찾아 기호를 쓰면 ㉢ 이구나!

5 ㉣

6

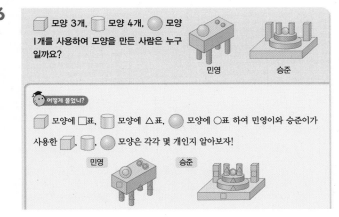

▱ 모양 3개, ⬭ 모양 4개, ● 모양 1개를 사용하여 모양을 만든 사람은 누구일까요?

민영 / 승준

> **어떻게 풀었니?**
>
> ▱ 모양에 □표, ⬭ 모양에 △표, ● 모양에 ◯표 하여 민영이와 승준이가 사용한 ▱, ⬭, ● 모양은 각각 몇 개인지 알아보자!
>
> 민영 / 승준

| 민영 | ▱ 모양: 1 개, ⬭ 모양: 4 개, ● 모양: 3 개 |
| 승준 | ▱ 모양: 3 개, ⬭ 모양: 4 개, ● 모양: 1 개 |

아~ ▱ 모양 3개, ⬭ 모양 4개, ● 모양 1개를 사용하여 모양을 만든 사람은 승준 이구나!

7 연우

8

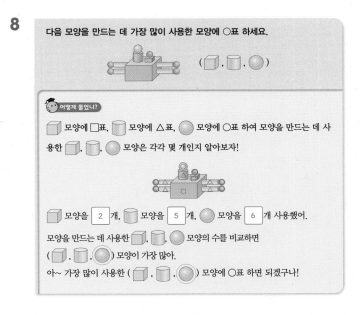

다음 모양을 만드는 데 가장 많이 사용한 모양에 ◯표 하세요.

(▱ , ⬭ , ●)

> **어떻게 풀었니?**
>
> ▱ 모양에 □표, ⬭ 모양에 △표, ● 모양에 ◯표 하여 모양을 만드는 데 사용한 ▱, ⬭, ● 모양은 각각 몇 개인지 알아보자!
>
> ▱ 모양을 2 개, ⬭ 모양을 5 개, ● 모양을 6 개 사용했어.
>
> 모양을 만드는 데 사용한 ▱, ⬭, ● 모양의 수를 비교하면 (▱ , ⬭ , ●) 모양이 가장 많아.
>
> 아~ 가장 많이 사용한 (▱ , ⬭ , ●) 모양에 ◯표 하면 되겠구나!

9 ㉡

---

2 통조림 캔은 ⬭ 모양, 비치볼은 ● 모양, 테니스공은 ● 모양, 볼링공은 ● 모양입니다.
따라서 잘못 모은 것은 통조림 캔입니다.

3 필통은 ▱ 모양, 벽돌은 ▱ 모양, 보온병은 ⬭ 모양, 구급상자는 ▱ 모양입니다.
따라서 잘못 모은 것은 보온병입니다.

5 ▱, ⬭, ● 모양 중에서 잘 굴러가지 않는 모양은 둥근 부분이 없는 ▱ 모양입니다. ㉠ 분유통은 ⬭ 모양, ㉡ 털실 뭉치는 ● 모양, ㉢ 참치 캔은 ⬭ 모양, ㉣ 과자 상자는 ▱ 모양입니다. 따라서 둥근 부분이 없어서 잘 굴러가지 않는 모양을 찾아 기호를 쓰면 ㉣입니다.

7 • 연우는 ▱ 모양 2개, ⬭ 모양 5개, ● 모양 2개를 사용하여 모양을 만들었습니다.
• 인혜는 ▱ 모양 5개, ⬭ 모양 2개, ● 모양 2개를 사용하여 모양을 만들었습니다.
따라서 ▱ 모양 2개, ⬭ 모양 5개, ● 모양 2개를 사용하여 모양을 만든 사람은 연우입니다.

9 ▱ 모양을 4개, ▯ 모양을 5개, ◯ 모양을 2개 사용했습니다. 따라서 가장 많이 사용한 모양은 ⓒ ▯ 모양입니다.

● 쓰기 쉬운 서술형　　　　　18~23쪽

1 ⓒ, ②, ⑩, 3 / 3개　　**1-1** 2개
1-2 ⓒ　　　　　　　　　**1-3** ⑦
2 굴러갑니다에 ◯표, 없습니다에 ◯표, 선우 / 선우
2-1 민아
3 ▯에 ◯표, ◯에 ◯표, ⓒ / ⓒ
3-1 채아
4 3, 4, 나 / 나　　　　　**4-1** 민기
4-2 가　　　　　　　　　**4-3** 1개

1-1 ⓐ ▱ 모양은 선물 상자와 주사위입니다. ── ❶
따라서 ▱ 모양은 2개입니다. ── ❷

단계	문제 해결 과정
①	▱ 모양을 모두 찾았나요?
②	▱ 모양은 몇 개인지 구했나요?

1-2 ⓐ ▯ 모양은 사탕 통과 롤케이크로 2개이고, ◯ 모양은 멜론과 수박, 오렌지로 3개입니다. ── ❶
따라서 ▯ 모양과 ◯ 모양 중에서 더 많은 것은 ◯ 모양이므로 기호를 쓰면 ⓒ입니다. ── ❷

단계	문제 해결 과정
①	▯ 모양과 ◯ 모양은 각각 몇 개인지 구했나요?
②	▯ 모양과 ◯ 모양 중에서 더 많은 모양을 찾아 기호를 썼나요?

1-3 ⓐ ▱ 모양은 휴지 상자와 구급상자, 책으로 3개입니다.
▯ 모양은 과자 통과 음료수 캔으로 2개입니다.
◯ 모양은 지구본으로 1개입니다. ── ❶
따라서 ▱, ▯, ◯ 모양 중에서 가장 많은 모양은 ▱ 모양이므로 기호를 쓰면 ⑦입니다. ── ❷

단계	문제 해결 과정
①	▱, ▯, ◯ 모양은 각각 몇 개인지 구했나요?
②	▱, ▯, ◯ 모양 중에서 가장 많은 모양을 찾아 기호를 썼나요?

2-1 ⓐ 물건은 평평한 부분과 뾰족한 부분이 있으므로 ▱ 모양입니다.
▱ 모양은 둥근 부분이 없으므로 잘 굴러가지 않고, 평평한 부분이 있으므로 잘 쌓을 수 있습니다. ── ❶
따라서 주어진 물건과 같은 모양에 대해 잘못 말한 사람은 민아입니다. ── ❷

단계	문제 해결 과정
①	물건의 모양과 특징을 알았나요?
②	잘못 말한 사람을 찾았나요?

3-1 ⓐ 채아는 ▱ 모양과 ◯ 모양을 사용했고, 진서는 ▯ 모양과 ◯ 모양을 사용했습니다. ── ❶
따라서 ▱ 모양과 ◯ 모양을 사용한 사람은 채아입니다. ── ❷

단계	문제 해결 과정
①	채아와 진서가 사용한 모양을 각각 알았나요?
②	▱ 모양과 ◯ 모양을 사용한 사람을 찾았나요?

4-1 ⓐ ◯ 모양을 은비는 5개, 민기는 3개 사용했습니다. ── ❶
따라서 모양을 만드는 데 ◯ 모양을 더 적게 사용한 사람은 민기입니다. ── ❷

단계	문제 해결 과정
①	은비와 민기가 ◯ 모양을 각각 몇 개 사용했는지 구했나요?
②	◯ 모양을 더 적게 사용한 사람을 찾았나요?

4-2 ⓐ 가는 ▱ 모양을 3개, ▯ 모양을 4개 사용했습니다. 나는 ▱ 모양을 6개, ▯ 모양을 4개 사용했습니다. ── ❶
따라서 ▱ 모양을 ▯ 모양보다 더 많이 사용한 것을 찾아 기호를 쓰면 가입니다. ── ❷

단계	문제 해결 과정
①	가와 나는 ▱ 모양과 ▯ 모양을 각각 몇 개 사용했는지 구했나요?
②	▯ 모양을 ▱ 모양보다 더 많이 사용한 것을 찾아 기호를 썼나요?

4-3 ⓐ ▱ 모양을 5개, ▯ 모양을 4개 사용했습니다. ── ❶
5는 4보다 1만큼 더 큰 수이므로 ▱ 모양을 ▯ 모양보다 1개 더 많이 사용했습니다. ── ❷

단계	문제 해결 과정
①	▱ 모양과 ▯ 모양을 각각 몇 개 사용했는지 구했나요?
②	▱ 모양을 ▯ 모양보다 몇 개 더 많이 사용했는지 구했나요?

2^{단원} 수행 평가 24~25쪽

1 ㄹ

2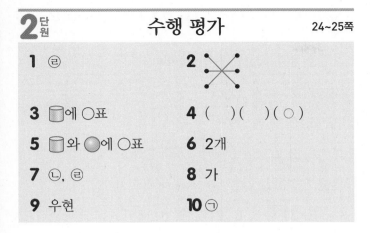

3 ⬡에 ○표

4 ( ) ( ) (○)

5 ⬡와 ●에 ○표

6 2개

7 ㉡, ㉣

8 가

9 우현

10 ㉠

1 ㉠ 김밥과 ㉡ 통조림 캔은 ⬡ 모양, ㉢ 농구공은 ● 모양, ㉣ 서랍장은 ⬜ 모양입니다.

2 탬버린과 참치 캔은 ⬡ 모양, 선물 상자와 서류 가방은 ⬜ 모양, 비치볼과 야구공은 ● 모양입니다.

3 페인트 통, 키친타월, 음료수 캔은 모두 ⬡ 모양입니다.

4 잘 굴러가지 않는 모양은 ⬜ 모양입니다. 택배 상자는 ⬜ 모양이므로 잘 굴러가지 않습니다.

5 모양을 만드는 데 ⬡ 모양과 ● 모양을 사용했습니다.

6 모든 부분이 다 둥글어 잘 굴러가는 모양은 ● 모양입니다. ● 모양은 축구공과 구슬로 2개입니다.

7 ⬡ 모양은 평평한 부분과 둥근 부분이 있으므로 눕히면 한쪽 방향으로 잘 굴러갑니다.
따라서 바르게 설명한 것은 ㉡, ㉣입니다.

8 ⬜ 모양을 가는 3개, 나는 2개 사용했습니다.
따라서 모양을 만드는 데 ⬜ 모양을 더 많이 사용한 모양은 가입니다.

9 보기 : ⬜ 모양 2개, ⬡ 모양 3개, ● 모양 2개
채린: ⬜ 모양 2개, ⬡ 모양 2개, ● 모양 2개
우현: ⬜ 모양 2개, ⬡ 모양 3개, ● 모양 2개
따라서 보기 의 모양을 모두 사용하여 만든 사람은 우현이입니다.

^{서술형}
10 예 ⬜ 모양을 3개, ⬡ 모양을 2개, ● 모양을 1개 사용했습니다. 따라서 가장 많이 사용한 모양은 ⬜ 모양이므로 기호를 쓰면 ㉠입니다.

평가 기준	배점
⬜, ⬡, ● 모양을 각각 몇 개 사용했는지 구했나요?	6점
가장 많이 사용한 모양을 찾아 기호를 썼나요?	4점

3 덧셈과 뺄셈

➕ 개념 적용 26~29쪽

1
그림과 같이 두 주머니에 담긴 구슬을 하나의 주머니에 모두 옮겨 담으면 구슬은 몇 개일까요?

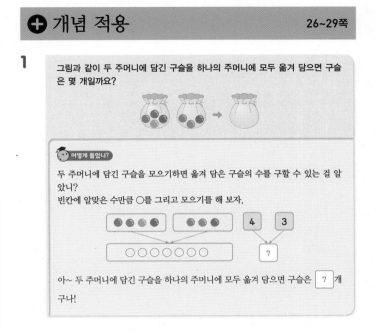

2 6개

3
덧셈을 해 보세요.

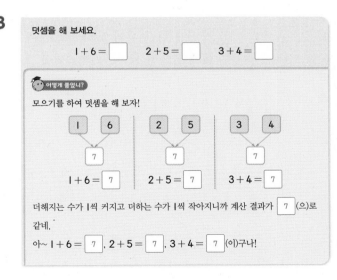

4 ⑴ 5, 5, 5, 5 ⑵ 8, 8, 8, 8

5
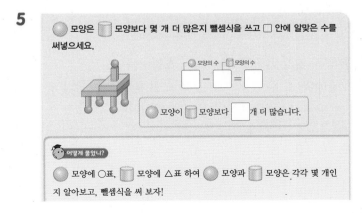

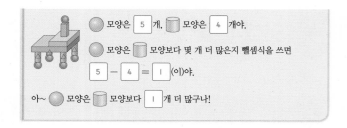

○ 모양은 5개, 🛢 모양은 4개야.
○ 모양은 🛢 모양보다 몇 개 더 많은지 뺄셈식을 쓰면
5 − 4 = 1 (이)야.
아~ ○ 모양은 🛢 모양보다 1 개 더 많구나!

6 3개

7
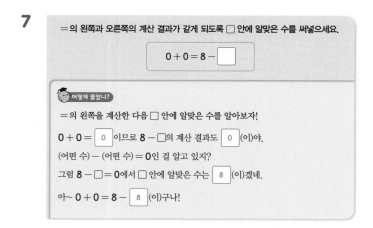

=의 왼쪽과 오른쪽의 계산 결과가 같게 되도록 □ 안에 알맞은 수를 써넣으세요.

0 + 0 = 8 − □

어떻게 풀었니?

=의 왼쪽을 계산한 다음 □ 안에 알맞은 수를 알아보자!
0 + 0 = 0 이므로 8 − □의 계산 결과도 0 (이)야.
(어떤 수) − (어떤 수) = 0인 걸 알고 있지?
그럼 8 − □ = 0에서 □ 안에 알맞은 수는 8 (이)겠네.
아~ 0 + 0 = 8 − 8 (이)구나!

8 0   **9** 6

2
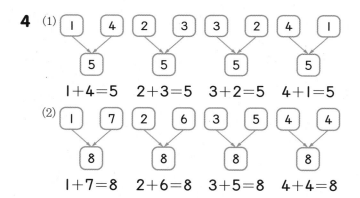

2와 4를 모으기하면 6이 됩니다. 따라서 두 상자에 담긴 사과를 하나의 상자에 모두 옮겨 담으면 사과는 6개입니다.

4 (1)
| 1 | 4 | | 2 | 3 | | 3 | 2 | | 4 | 1 |
↓ ↓ ↓ ↓
5 5 5 5

1 + 4 = 5   2 + 3 = 5   3 + 2 = 5   4 + 1 = 5

(2)
| 1 | 7 | | 2 | 6 | | 3 | 5 | | 4 | 4 |
↓ ↓ ↓ ↓
8 8 8 8

1 + 7 = 8   2 + 6 = 8   3 + 5 = 8   4 + 4 = 8

6 🛢 모양은 6개, 🛢 모양은 3개입니다. 따라서 🛢 모양은 🛢 모양보다 6 − 3 = 3(개) 더 많습니다.

8 7 + 2 = 9이므로 9 − □ = 9입니다.
(어떤 수) − 0 = (어떤 수)이므로 9 − 0 = 9입니다.
따라서 □ 안에 알맞은 수는 0입니다.

9 6 − 0 = 6이므로 □ + 0 = 6입니다.
(어떤 수) + 0 = (어떤 수)이므로 6 + 0 = 6입니다.
따라서 □ 안에 알맞은 수는 6입니다.

🖋 쓰기 쉬운 서술형
30~35쪽

1 9, 8, ⓒ / ⓒ   **1-1** ⓒ
2 2, 2, 4, 4 / 2, 4   **2-1** ㉠
3 4, 5, 9, 9 / 9명   **3-1** 7자루
4 8, 2, 6, 6 / 6마리   **4-1** 2개
4-2 포도주스, 4병   **4-3** 수호, 1개
5 2, 3, 4, 6, 6, 2, 6, 2, 8 / 8
5-1 6

1-1 예 ㉠ 6과 2를 모으기하면 8이 됩니다.
ⓒ 3과 4를 모으기하면 7이 됩니다.
ⓒ 4와 5를 모으기하면 9가 됩니다. ···· ❶
따라서 8, 7, 9 중에서 가장 큰 수는 9이므로 모으기한 수가 가장 큰 것을 찾아 기호를 쓰면 ⓒ입니다. ···· ❷

단계	문제 해결 과정
①	도미노의 점의 수를 각각 모으기했나요?
②	모으기한 수가 가장 큰 것을 찾아 기호를 썼나요?

2-1 예 8을 4와 4로 가르기할 수 있으므로 ㉠에 알맞은 수는 4입니다.
6을 5와 1로 가르기할 수 있으므로 ⓒ에 알맞은 수는 5입니다. ···· ❶
따라서 4가 5보다 작으므로 더 작은 수의 기호를 쓰면 ㉠입니다. ···· ❷

단계	문제 해결 과정
①	㉠과 ⓒ에 알맞은 수를 각각 구했나요?
②	㉠과 ⓒ에 알맞은 수 중에서 더 작은 수의 기호를 썼나요?

3-1 예 윤하가 연필을 5자루 가지고 있고 지우는 윤하보다 2자루 더 많이 가지고 있으므로 지우가 가지고 있는 연필의 수를 구하는 덧셈식을 쓰면 5 + 2 = 7입니다. ···· ❶
따라서 지우가 가지고 있는 연필은 7자루입니다. ···· ❷

단계	문제 해결 과정
①	지우가 가지고 있는 연필은 몇 자루인지 구하는 덧셈식을 썼나요?
②	지우가 가지고 있는 연필은 몇 자루인지 구했나요?

4-1 ㉠ 초콜릿을 민재는 6개, 승우는 4개 먹었으므로 민재가 승우보다 더 먹은 초콜릿의 수를 구하는 뺄셈식을 쓰면 6-4=2입니다. ···· ❶

따라서 민재가 승우보다 초콜릿을 2개 더 먹었습니다. ···· ❷

단계	문제 해결 과정
①	민재가 승우보다 초콜릿을 몇 개 더 먹었는지 구하는 뺄셈식을 썼나요?
②	민재가 승우보다 초콜릿을 몇 개 더 먹었는지 구했나요?

4-2 ㉠ 6은 2보다 크므로 포도주스가 오렌지주스보다 더 많습니다. ···· ❶

오렌지주스의 수와 포도주스의 수의 차를 구하는 뺄셈식을 쓰면 6-2=4입니다. ···· ❷

따라서 포도주스가 4병 더 많습니다. ···· ❸

단계	문제 해결 과정
①	오렌지주스와 포도주스 중에서 어느 것이 더 많은지 구했나요?
②	오렌지주스의 수와 포도주스의 수의 차를 구하는 뺄셈식을 썼나요?
③	오렌지주스와 포도주스 중에서 어느 것이 몇 병 더 많은지 구했나요?

4-3 ㉠ 수호에게 남은 구슬은 7-3=4(개)입니다. ···· ❶

찬열이에게 남은 구슬은 8-5=3(개)입니다. ···· ❷

따라서 남은 구슬은 수호가 4-3=1(개) 더 많습니다. ···· ❸

단계	문제 해결 과정
①	수호에게 남은 구슬은 몇 개인지 구했나요?
②	찬열이에게 남은 구슬은 몇 개인지 구했나요?
③	남은 구슬은 누가 몇 개 더 많은지 구했나요?

5-1 ㉠ 두 수의 차가 가장 크려면 가장 큰 수에서 가장 작은 수를 빼야 합니다. ···· ❶

수 카드에 적힌 수를 작은 수부터 차례로 쓰면 3, 5, 8, 9이므로 가장 큰 수는 9이고, 가장 작은 수는 3입니다. ···· ❷

따라서 구할 수 있는 가장 큰 차는 9-3=6입니다. ···· ❸

단계	문제 해결 과정
①	가장 큰 차를 구하는 방법을 알고 있나요?
②	수 카드에 적힌 수 중에서 가장 큰 수와 가장 작은 수를 찾았나요?
③	가장 큰 차를 구했나요?

1

2 9-5=4 / ㉠ 9 빼기 5는 4와 같습니다. 또는 9와 5의 차는 4입니다.

3 9, 9, 0   **4** 9 / ㉠ 6, 3, 9

5 (1) +, - (2) -, +

6 2, 1, 3

7 ㉠ 2, 4, 6 / ㉠ 6, 4, 2

8 7개   **9** 5

10 8마리

1 초록색 우산이 3개, 주황색 우산이 5개 있습니다. 3과 5를 모으기하면 8이 됩니다.

2 주스 9병 중에서 5병을 마셔서 4병이 남았으므로 9-5=4입니다.

3 상자 안에서 토마토 9개를 모두 꺼냈으므로 상자 안에는 아무것도 없습니다.
➡ 9-9=0

4 6과 3을 모으기하면 9가 되므로 6+3=9입니다.

5 =의 오른쪽 수가 왼쪽 두 수보다 크면 더하는 계산이고, 오른쪽 수가 가장 왼쪽 수보다 작으면 빼는 계산입니다.
(1) 4+2=6, 4-2=2
(2) 7-1=6, 7+1=8

6 3+3=6, 9-2=7, 5-0=5
따라서 계산 결과가 큰 수부터 차례로 쓰면 7, 6, 5입니다.

7 세 수로 2개의 덧셈식과 2개의 뺄셈식을 만들 수 있습니다.
덧셈식: 2+4=6, 4+2=6
뺄셈식: 6-4=2, 6-2=4

8 검은색 바둑돌 4개와 흰색 바둑돌 3개가 있으므로 주머니에 들어 있는 바둑돌은 모두 4+3=7(개)입니다.

9 • 6은 3과 3으로 가르기할 수 있으므로 ●에 알맞은 수는 3입니다.
　• 5와 2를 모으기하면 7이므로 ◆에 알맞은 수는 2 입니다.
　따라서 3과 2를 모으기하면 5입니다.

10 서술형 ⃝예 금붕어는 5마리 있고, 잉어는 금붕어보다 2마리 더 적으므로 5−2=3(마리) 있습니다. 따라서 수족관에 있는 금붕어와 잉어는 모두 5+3=8(마리)입니다.

평가 기준	배점
수족관에 잉어는 몇 마리 있는지 구했나요?	5점
수족관에 있는 금붕어와 잉어는 모두 몇 마리인지 구했나요?	5점

4 비교하기

➕ 개념 적용　　　　　　38~41쪽

1
은호와 지윤이의 줄넘기 줄입니다. 누구의 줄넘기 줄이 더 길까요?

은호
지윤

😊 어떻게 풀었니?

구부러진 줄넘기의 줄을 펴서 길이를 비교해 보자!

은호
지윤

⬇

은호
지윤

양쪽 끝이 맞추어져 있으니까 줄넘기 줄이 (많이 , 적게) 구부러져 있을수록 폈을 때 더 길어.
더 많이 구부러져 있는 줄넘기 줄을 가진 사람은 [지윤] (이)야.
아~ [지윤] (이)의 줄넘기 줄이 더 길구나!

2 효석

3
각각의 상자 위에서 잠을 잔 동물을 찾아 이어 보세요.

㉠　㉡　㉢

😊 어떻게 풀었니?

찌그러진 상자와 동물의 무게를 비교해 보자!

상자가 많이 찌그러질수록 더 (무거운 , 가벼운) 동물이 잠을 잤어.
닭, 하마, 사슴의 무게를 비교하여 무거운 동물부터 차례로 쓰면 [하마], [사슴], [닭] (이)야.

가장 많이 찌그러진 ㉠ 상자 위에서 [하마] 이/가 잠을 잤고, 가장 적게 찌그러진 ㉢ 상자 위에서 [닭] 이/가 잠을 잤겠네.

아~ ㉠ 상자와 [하마], ㉡ 상자와 [닭], ㉢ 상자와 [사슴] 을/를 이으면 되겠구나!

4

5
한 칸의 넓이는 모두 같습니다. 보기 보다 더 넓은 것에 ○표 하세요.

보기

(　　)　　(　　)

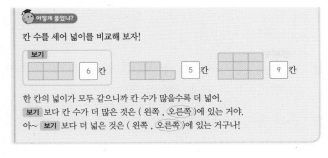
6 가   **7** 나

8

9 우빈

2 양쪽 끝이 맞추어져 있으므로 줄이 많이 구부러져 있을수록 폈을 때 더 깁니다. 따라서 효석이의 줄이 더 깁니다.

4 상자가 많이 찌그러질수록 더 무거운 동물이 올라갔습니다. 병아리, 호랑이, 원숭이의 무게를 비교하여 무거운 동물부터 차례로 쓰면 호랑이, 원숭이, 병아리입니다. 가장 많이 찌그러진 상자 위에는 호랑이가, 가장 적게 찌그러진 상자 위에는 병아리가 올라갔습니다.

6 보기 는 4칸이고, 가는 6칸, 나는 2칸입니다.
보기 보다 칸 수가 많은 것이 더 넓으므로 더 넓은 것을 찾아 기호를 쓰면 가입니다.

7 보기 는 5칸이고, 가는 6칸, 나는 4칸입니다.
보기 보다 칸 수가 적은 것이 더 좁으므로 더 좁은 것을 찾아 기호를 쓰면 나입니다.

9 물을 많이 마실수록 컵에 남은 물의 양이 더 적습니다. 남은 물의 높이를 비교하면 우빈이의 컵에 남은 물의

양이 가장 적습니다. 따라서 물을 가장 많이 마신 사람은 우빈이입니다.

📝 쓰기 쉬운 서술형   42~47쪽

1 국화, 국화 / 국화   **1-1** 현서

2 짧은에 ○표, 형광펜 / 형광펜

2-1 자

3 길게에 ○표, 지갑, 지갑 / 지갑

3-1 책가방

4 7, 8, ㉯ / ㉯   **4-1** ㉰, ㉯, ㉮

5 가, 가 / 가   **5-1** 다

6 무겁습니다에 ○표, 무겁습니다에 ○표, 진아 / 진아

6-1 은서

1-1 예 위쪽이 맞추어져 있으므로 아래쪽으로 더 많이 내려온 사람을 찾으면 현서입니다. ····· ❶
따라서 키가 더 큰 사람은 현서입니다. ····· ❷

단계	문제 해결 과정
①	위쪽이 맞추어진 두 사람의 아래쪽을 비교했나요?
②	키가 더 큰 사람을 찾았나요?

2-1 예 필통보다 더 긴 것은 필통에 넣을 수 없습니다. ····· ❶
오른쪽 끝이 맞추어져 있으므로 왼쪽 끝을 비교하면 필통에 넣을 수 없는 것은 자입니다. ····· ❷

단계	문제 해결 과정
①	필통에 넣을 수 없는 것을 찾는 방법을 알았나요?
②	필통에 넣을 수 없는 것을 찾았나요?

3-1 예 용수철이 길게 늘어날수록 더 무거운 물건입니다. ····· ❶
신발주머니, 물통, 책가방 중에서 용수철이 가장 길게 늘어난 것은 책가방입니다.
따라서 가장 무거운 물건은 책가방입니다. ····· ❷

단계	문제 해결 과정
①	용수철에 매달린 물건의 무게를 비교하는 방법을 알았나요?
②	가장 무거운 물건을 찾았나요?

4-1 ⑳ 한 칸의 넓이가 같으므로 칸 수가 많을수록 더 넓습니다.

칸 수를 세면 ㉮는 4칸, ㉯는 5칸, ㉰는 7칸입니다. ---- ❶

따라서 넓은 것부터 차례로 기호를 쓰면 ㉰, ㉯, ㉮입니다. ---- ❷

단계	문제 해결 과정
①	㉮, ㉯, ㉰의 칸 수를 각각 구했나요?
②	넓은 것부터 차례로 기호를 썼나요?

5-1 ⑳ 초콜릿 우유의 높이가 같으므로 컵의 크기가 작을수록 초콜릿 우유가 더 적게 담겨 있습니다. ---- ❶

컵의 크기가 가장 작은 것을 찾아 기호를 쓰면 다입니다.

따라서 초콜릿 우유가 가장 적게 담긴 것을 찾아 기호를 쓰면 다입니다. ---- ❷

단계	문제 해결 과정
①	높이가 같은 초콜릿 우유의 양을 비교하는 방법을 알았나요?
②	초콜릿 우유가 가장 적게 담긴 것을 찾아 기호를 썼나요?

6-1 ⑳ 은서는 재현이보다 더 가볍고, 재현이는 세미보다 더 가볍습니다. ---- ❶

따라서 가장 가벼운 사람은 은서입니다. ---- ❷

단계	문제 해결 과정
①	은서와 재현, 세미와 재현이의 무게를 각각 비교했나요?
②	가장 가벼운 사람을 찾았나요?

1 왼쪽 끝이 맞추어져 있으므로 오른쪽 끝이 더 많이 나온 아래쪽 빗이 더 깁니다.

2 피아노는 들기 힘들고 탬버린은 들기 쉬우므로 피아노가 탬버린보다 더 무겁습니다.

3 물의 높이가 같으므로 그릇이 더 큰 왼쪽 그릇에 물이 더 많이 담겨 있습니다.

4 아래쪽이 맞추어져 있으므로 위쪽을 비교하면 왼쪽 사람이 가장 크고 가운데 사람이 가장 작습니다.

5 그릇이 클수록 담을 수 있는 양이 더 많습니다.

6 용수철이 길게 늘어날수록 더 무거운 물건입니다. 모자와 시계 중에서 더 길게 늘어난 것은 시계이므로 더 무거운 물건은 시계입니다.

7 물통 ㉮의 물을 물통 ㉯에 부었을 때 물통 ㉯가 가득 차고 물통 ㉮에 물이 남았으므로 물통 ㉯에 더 적은 양의 물을 담을 수 있습니다.

8 색연필보다 더 긴 물건은 김밥, 빗자루로 모두 2개입니다.

9 좁은 곳부터 차례로 쓰면 미술실, 과학실, 도서실입니다. 따라서 가장 좁은 곳은 미술실입니다.

서술형
10 ⑳ 집에서 도서관까지 가는 길 중에서 ㉮는 7칸이고 ㉯는 9칸입니다. ㉮가 ㉯보다 짧으므로 ㉮가 더 가깝습니다.

평가 기준	배점
㉮와 ㉯는 각각 몇 칸인지 구했나요?	4점
㉮와 ㉯ 중에서 어느 길이 더 가까운지 구했나요?	6점

4단원 수행 평가　　48~49쪽

1 ( )
(○)

2 ✕ (선 연결)

3 (○)( )

4 (○)(△)( )

5 3, 1, 2

6 시계

7 ㉯

8 2개

9 미술실

10 ㉮

5 50까지의 수

50~53쪽

개념 적용

1 □ 안에 알맞은 수를 써넣으세요.

```
0  1  2  3  4  5  6  7  8  9  10
```

10은 6보다 □ 만큼 더 큰 수입니다.

어떻게 풀었니?

6에서 몇 칸을 가야 10이 되는지 알아보자!

```
          1  2  3  4
0  1  2  3  4  5  6  7  8  9  10
```

6에서 오른쪽으로 **4** 칸을 가면 10이 되네.

아~ 10은 6보다 **4** 만큼 더 큰 수구나!

2 2   **3** 3

4 모으기를 하여 13이 되는 두 수를 찾아 ○표 하세요.

```
6  4  7
```

어떻게 풀었니?

6과 4, 6과 7, 4와 7 중에서 모으기를 하여 13이 되는 두 수를 찾아야 하는 걸 알았니?
모으기를 하여 13이 되는 두 수를 찾아보자.

```
6   4        6   7        4   7
  ↓            ↓            ↓
 10           13           11
```

아~ 모으기를 하여 13이 되는 두 수는 **6** 와/과 **7** (이)구나!

5
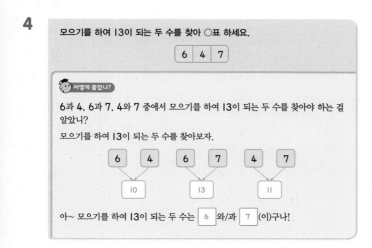
9   7   4

6
8   5   6

7 █로 오른쪽 모양을 몇 개 만들 수 있을까요?

어떻게 풀었니?

오른쪽 모양을 만드는 데 필요한 █과 주어진 █은 각각 몇 개인지 알아보자!

10 개

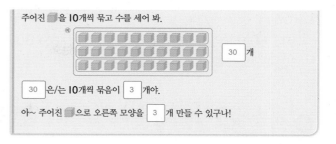

주어진 █을 10개씩 묶고 수를 세어 봐.

30 개

30 은/는 10개씩 묶음이 **3** 개야.

아~ 주어진 █으로 오른쪽 모양을 **3** 개 만들 수 있구나!

8 5개

9 40부터 50까지의 수 중에서 보기 의 수보다 큰 수를 모두 써 보세요.

보기
10개씩 묶음 4개와 낱개 6개인 수

어떻게 풀었니?

40부터 50까지 수의 순서에서 보기 의 수보다 큰 수를 알아보자!
10개씩 묶음 4개와 낱개 6개인 수는 **46** (이)야.
수의 순서에서 보기 의 수보다 큰 수는 보기 의 수의 (앞 , 뒤)에 있는 수야.
40부터 50까지 수 중에서 보기 의 수보다 큰 수에 모두 ○표 해 보자.

```
40  41  42  43  44  45  46  ⑰  48  49  50
                            46보다 큰 수
```

아~ 40부터 50까지의 수 중에서 46보다 큰 수는 **47** , **48** , **49** ,
50 (이)구나!

10 28, 29, 30   **11** 4개

2
```
                    1   2
0  1  2  3  4  5  6  7  8  9  10
```
8에서 오른쪽으로 2칸을 가면 10이 됩니다. 따라서 10은 8보다 2만큼 더 큰 수입니다.

3
```
                1   2   3
0  1  2  3  4  5  6  7  8  9  10
```
7에서 오른쪽으로 3칸을 가면 10이 됩니다. 따라서 10은 7보다 3만큼 더 큰 수입니다.

5 9와 7을 모으기하면 16이 되므로 9와 7에 색칠합니다.

6 8과 6을 모으기하면 14가 되므로 8과 6에 색칠합니다.

8 보기 의 모양은 █ 10개로 만든 모양입니다. 주어진 █을 10개씩 묶으면 10개씩 묶음이 5개가 되므로 주어진 █은 50개입니다. 따라서 주어진 █으로 보기 의 모양을 5개 만들 수 있습니다.

10 10개씩 묶음 2개와 낱개 7개인 수는 27입니다. 20부터 30까지의 수 중에서 27보다 큰 수는 28, 29, 30 입니다.

11 10개씩 묶음 3개와 낱개 4개인 수는 34입니다. 30부터 40까지의 수 중에서 34보다 작은 수는 30, 31, 32, 33으로 모두 4개입니다.

☰ 쓰기 쉬운 서술형   54~59쪽

1 18, 18 / 18개		**1-1** 십사, 열넷	
2 30, 30 / 30장		**2-1** 5상자	
3 23, 32, ㉠ / ㉠		**3-1** ㉡	
4 26, 27, 28, 26, 27, 28, 3 / 3개			
4-1 6명			
5 42, 35, 연희 / 연희		**5-1** 당근	
5-2 윤서		**5-3** 축구공	

1-1 예 10개씩 묶음 1개와 낱개 4개는 14입니다. ── ❶
지후가 가지고 있는 공깃돌의 수는 14입니다. ── ❷
14는 십사 또는 열넷이라고 읽습니다. ── ❸

단계	문제 해결 과정
①	10개씩 묶음 1개와 낱개 4개인 수를 구했나요?
②	지후가 가지고 있는 공깃돌의 수를 구했나요?
③	지후가 가지고 있는 공깃돌의 수를 두 가지 방법으로 읽었나요?

2-1 예 50은 10개씩 묶음이 5개입니다. ── ❶
따라서 한 상자에 10개씩 들어 있는 곶감을 5상자 사야 합니다. ── ❷

단계	문제 해결 과정
①	50은 10개씩 묶음이 몇 개인지 구했나요?
②	곶감을 몇 상자 사야 하는지 구했나요?

3-1 예 ㉡ 서른다섯을 수로 쓰면 35입니다.
㉢ 낱개 15개는 10개씩 묶음 1개와 낱개 5개와 같습니다. 10개씩 묶음이 3+1=4(개)이고 낱개가 5개이므로 45입니다. ── ❶
따라서 나타내는 수가 다른 하나를 찾아 기호를 쓰면 ㉡입니다. ── ❷

단계	문제 해결 과정
①	㉡과 ㉢이 나타내는 수를 각각 구했나요?
②	나타내는 수가 다른 하나를 찾아 기호를 썼나요?

4-1 예 39부터 46까지의 수를 순서대로 쓰면 39, 40, 41, 42, 43, 44, 45, 46입니다. 39와 46 사이에 있는 수는 40, 41, 42, 43, 44, 45입니다. ── ❶

따라서 선경이와 준수의 번호 사이에 있는 사람은 모두 6명입니다. ── ❷

단계	문제 해결 과정
①	39와 46 사이에 있는 수를 모두 구했나요?
②	선경이와 준수의 번호 사이에 있는 사람은 모두 몇 명인지 구했나요?

5-1 예 서른여섯을 수로 쓰면 36입니다. ── ❶
38과 36의 10개씩 묶음의 수가 같으므로 낱개의 수를 비교하면 36이 38보다 작습니다. ── ❷
따라서 당근이 오이보다 더 적습니다. ── ❸

단계	문제 해결 과정
①	서른여섯을 수로 썼나요?
②	오이와 당근의 수의 크기를 비교하여 더 작은 수를 찾았나요?
③	오이와 당근 중에서 더 적은 채소를 찾았나요?

5-2 예 34, 21, 36의 10개씩 묶음의 수를 비교하면 34와 36이 21보다 큽니다. 34와 36의 낱개의 수를 비교하면 36이 34보다 크므로 34, 21, 36 중에서 가장 큰 수는 36입니다. ── ❶
따라서 구슬을 가장 많이 가지고 있는 사람은 윤서입니다. ── ❷

단계	문제 해결 과정
①	34, 21, 36의 크기를 비교하여 가장 큰 수를 찾았나요?
②	구슬을 가장 많이 가지고 있는 사람을 찾았나요?

5-3 예 마흔일곱을 수로 쓰면 47, 삼십이를 수로 쓰면 32, 서른아홉을 수로 쓰면 39입니다. ── ❶
47, 32, 39의 10개씩 묶음의 수를 비교하면 32와 39가 47보다 작습니다. 32와 39의 낱개의 수를 비교하면 32가 39보다 작으므로 47, 32, 39 중에서 가장 작은 수는 32입니다. ── ❷
따라서 가장 적은 공은 축구공입니다. ── ❸

단계	문제 해결 과정
①	마흔일곱, 삼십이, 서른아홉을 각각 수로 썼나요?
②	야구공, 축구공, 농구공의 수의 크기를 비교하여 가장 작은 수를 찾았나요?
③	야구공, 축구공, 농구공 중에서 가장 적은 공을 찾았나요?

5단원   수행 평가   60~61쪽

1 10 / 십, 열

2

3 (예) 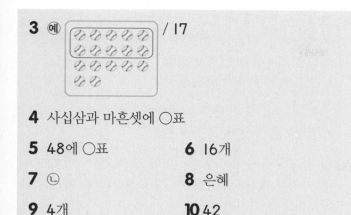 / 17

4 사십삼과 마흔셋에 ◯표

5 48에 ◯표 **6** 16개

7 ㉡ **8** 은혜

9 4개 **10** 42

1 9보다 1만큼 더 큰 수는 10입니다. 10은 십 또는 열이라고 읽습니다.

2 10개씩 묶음 3개는 30(서른), 10개씩 묶음 2개는 20(스물), 10개씩 묶음 5개는 50(쉰)입니다.

3 10개씩 묶음 1개와 낱개 7개는 17입니다.

4 10개씩 묶음 4개와 낱개 3개는 43입니다. 43은 사십삼 또는 마흔셋이라고 읽습니다.

5 10개씩 묶음의 수가 같으므로 낱개의 수를 비교하면 48이 46보다 큽니다.

6 블록을 10개씩 묶어 보면 10개씩 묶음 1개와 낱개 6개이므로 16입니다. 따라서 사용한 블록은 모두 16개입니다.

7 ㉠ 38에서 3은 10개씩 묶음의 수이므로 30을 나타냅니다.
㉡ 40보다 1만큼 더 작은 수는 39입니다.
㉢ 38은 30과 8이므로 30보다 8만큼 더 큰 수입니다.

8 29와 31의 10개씩 묶음의 수를 비교하면 31이 29보다 큽니다. 따라서 구슬을 더 많이 가지고 있는 사람은 은혜입니다.

9 27보다 큰 수는 28, 29, 30, 31, 32, …입니다. 이 중에서 32보다 작은 수는 28, 29, 30, 31로 모두 4개입니다.

• 서술형
10 (예) 2장의 수 카드로 만들 수 있는 몇십몇은 24와 42입니다. 24와 42의 10개씩 묶음의 수를 비교하면 42가 24보다 큽니다. 따라서 만들 수 있는 몇십몇 중에서 더 큰 수는 42입니다.

평가 기준	배점
2장의 수 카드로 만들 수 있는 몇십몇을 모두 구했나요?	4점
만든 몇십몇 중에서 더 큰 수를 구했나요?	6점

1 ~ 5 단원   총괄 평가   62~64쪽

1 일곱, 칠 **2** ( )(◯)( )

3 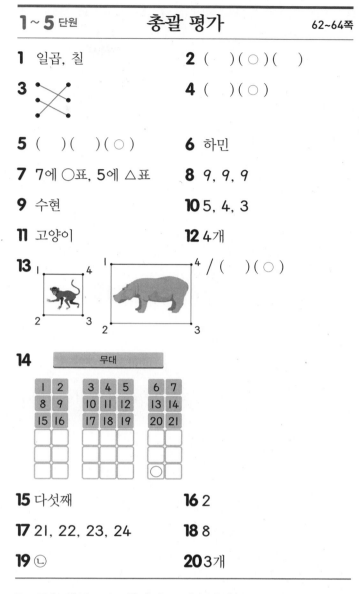 **4** ( )(◯)

5 ( )( )(◯) **6** 하민

7 7에 ◯표, 5에 △표 **8** 9, 9, 9

9 수현 **10** 5, 4, 3

11 고양이 **12** 4개

13 / ( )(◯)

14

무대							
1	2		3	4	5		6	7
8	9		10	11	12		13	14
15	16		17	18	19		20	21

15 다섯째 **16** 2

17 21, 22, 23, 24 **18** 8

19 ㉡ **20** 3개

1 7은 일곱 또는 칠이라고 읽습니다.

2 모양을 찾으면 전자레인지입니다.

3 • 10개씩 묶음 4개는 40입니다.
• 10개씩 묶음 3개와 낱개 2개는 32입니다.
• 10개씩 묶음 2개와 낱개 6개는 26입니다.

4 아래쪽이 맞추어져 있으므로 위쪽으로 더 많이 올라간 옷장이 더 높습니다.

5 저금통과 케이크는 모양이고, 오렌지는 모양입니다.

6 나이를 나타낼 때에는 10을 열이라고 읽습니다. 따라서 수를 잘못 읽은 사람은 하민이입니다.

7 오이는 6개입니다. 6보다 1만큼 더 큰 수는 7이고, 6보다 1만큼 더 작은 수는 5입니다.

8 더해지는 수가 1씩 커지고 더하는 수가 1씩 작아지면 합이 같습니다.

9 물을 많이 마실수록 컵에 남은 물의 양이 더 적습니다. 수현이의 컵에 남은 물의 양이 더 적으므로 물을 더 많이 마신 사람은 수현이입니다.

10 셋째에 있는 장난감 자동차는 3, 넷째에 있는 로봇은 4, 다섯째에 있는 토끼 인형은 5입니다.

11 고양이는 강아지보다 더 무겁고, 토끼보다 더 무겁습니다. 따라서 가장 무거운 동물은 고양이입니다.

12 잘 쌓으려면 평평한 부분이 있어야 합니다. 평평한 부분이 있는 모양은 🟦 모양과 🟫 모양입니다. 따라서 잘 쌓을 수 있는 물건은 분유통, 주사위, 피자 상자, 과자 상자로 모두 **4**개입니다.

13 하마 쪽이 원숭이 쪽보다 더 넓습니다.

14 자리 안내 그림에는 수들이 순서대로 쓰여 있으므로 21 다음의 수부터 수를 순서대로 쓴 다음 **41**번 자리를 찾습니다.

무대						
1	2	3	4	5	6	7
8	9	10	11	12	13	14
15	16	17	18	19	20	21
22	23	24	25	26	27	28
29	30	31	32	33	34	35
36	37	38	39	40	㊶	42

15 오른쪽에서 넷째에 있는 과일은 딸기입니다. 딸기는 왼쪽에서 다섯째에 있습니다.

16 • 15는 9와 6으로 가르기할 수 있으므로 ㉠에 알맞은 수는 6입니다.
• 6과 2를 모으기하면 8이므로 ㉡에 알맞은 수는 8입니다.
따라서 ㉠과 ㉡에 알맞은 수의 차는 8−6=2입니다.

17 10개씩 묶음 2개와 낱개 5개인 수는 25입니다. 20보다 큰 수는 21, 22, 23, 24, 25, 26, ...이고, 이 중에서 25보다 작은 수는 21, 22, 23, 24입니다. 따라서 조건을 모두 만족하는 수는 21, 22, 23, 24입니다.

18 두 수의 합이 가장 크려면 가장 큰 수와 둘째로 큰 수를 더해야 합니다. 5, 2, 3 중에서 가장 큰 수는 5이고, 둘째로 큰 수는 3입니다. 따라서 구할 수 있는 가장 큰 합은 5+3=8입니다.

19 예 🟦 모양을 2개, 🟫 모양을 5개, ⚫ 모양을 3개 사용했습니다. 따라서 가장 많이 사용한 모양은 🟫 모양이므로 기호를 쓰면 ㉡입니다.

평가 기준	배점
🟦, 🟫, ⚫ 모양을 각각 몇 개 사용했는지 구했나요?	3점
가장 많이 사용한 모양을 찾아 기호를 썼나요?	2점

서술형
20 예 사과 7개 중에서 4개를 먹었으므로 남은 사과의 수를 구하는 뺄셈식을 쓰면 7−4=3입니다. 따라서 남은 사과는 3개입니다.

평가 기준	배점
남은 사과는 몇 개인지 구하는 뺄셈식을 썼나요?	3점
남은 사과는 몇 개인지 구했나요?	2점

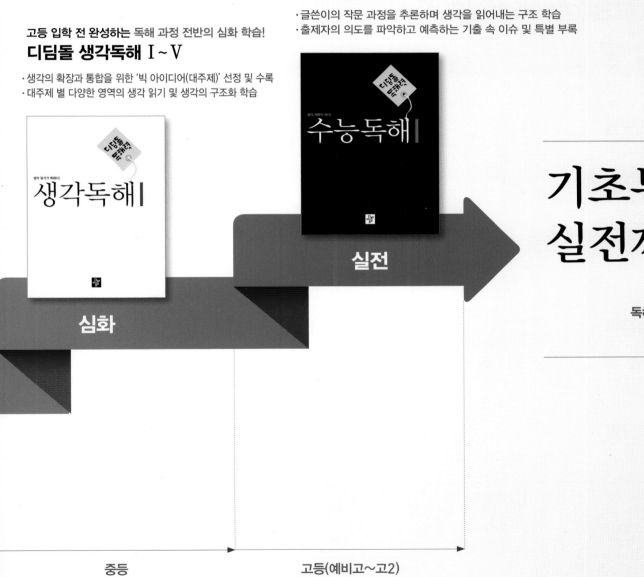

고등 입학 전 완성하는 독해 과정 전반의 심화 학습!
디딤돌 생각독해 Ⅰ~Ⅴ
· 생각의 확장과 통합을 위한 '빅 아이디어(대주제)' 선정 및 수록
· 대주제 별 다양한 영역의 생각 읽기 및 생각의 구조화 학습

수능국어 실전대비 독해 학습의 완성!
디딤돌 수능독해 Ⅰ~Ⅲ
· 글쓴이의 작문 과정을 추론하며 생각을 읽어내는 구조 학습
· 출제자의 의도를 파악하고 예측하는 기출 속 이슈 및 특별 부록

심화

실전

기초부터
실전까지

독해는 디딤돌

중등

고등(예비고~고2)

다음에는 뭐 풀지?

최상위로 가는
'맞춤 학습 플랜'

STEP
4
Book

다음에 공부할 책을 고르기 어려우시다면, 현재 성취도를 먼저 체크해 보세요.
최상위로 가는 맞춤 학습 플랜만 있다면 내 실력에 꼭 맞는 교재를 선택할 수 있어요!
단계에 따라 내 실력을 진단해 보고, 다음 학습도 야무지게 준비해 봐요!

첫 번째, 단원평가의 맞힌 문제 수 또는 점수를 모두 더해 보세요.

단원	맞힌 문제 수	OR	점수 (문항당 5점)
1단원			
2단원			
3단원			
4단원			
5단원			
합계			

※ 단원평가는 각 단원의 마지막 코너에 있는 20문항 문제지입니다.